不換位置，也要換腦袋

斜槓時代必備的換位思考力

斜槓青年代表：記帳士／數據專家／大學講師／作家 **紀坪** 著

前言

努力還不夠，你還需要練就換位思考力

鼎泰豐是台灣美食的代表之一，我曾跟不少朋友來用過餐，有趣的是，從談天的內容，就可以反映每個人背景及思維的不同。

一位老闆說：「米其林一顆星的餐廳，所以要請外國客戶吃飯，我很喜歡帶他們來這裡。」

一位主婦說：「青菜小小一盤竟然要賣快兩百元，我在菜市場花二十元，就可以買好大一把。」

一位主管說：「員工的薪資占業績近四十八％，這就是爲什麼這家餐廳服務品質這麼好的原因。」

一位業務說：「排個隊就要等三十分鐘？這也太久了吧，我不想等，吃別的吃別的。」

一位饕客說：「光小籠包的黃金十八摺，就能看出他們對食物的講究，所以我很喜歡光顧。」

連續五年拿到港澳米其林一顆星！青菜賣兩百元！薪資占營業額四十八%！排隊等三十分鐘！小籠包十八摺！

五個截然不同的「數字」，出於五個不同人的口中，卻都在形容同一家餐廳，由此可見，每個不同背景的人，視野一定是完全迴異的。做事業的老闆看見的是「價值」，持家的主婦看見的是「價格」，主管想到的是「薪資」，業務看見的是「時間」，饕客看見的是「美食」。

這件事一直讓我覺得頗有趣，曾經有位朋友問我，協助那麼多人開過公司，也見識不少微型創業的案例，覺得創業成功的人都有哪些共同特質？

這個問題如果放到三十年前，答案可能比較一致，一定就是「態度」，要肯拚肯做，再加上一點點的才幹及機運，就很容易成功。但這個答案放到當今時代可能就不一定了，因為現在是一個光努力也不一定會成功的年代，抓對方向及有效方法要比起努力重要多了。

我認爲這個時代最重要的能力，是能把腦袋放到不同位置的換位思考力。過去我們在學校大多數的科目，通常都在學有標準答案的理論架構，成績好的學生都很會背，很會套公式，偏偏這一套拿到實務上通常行不太通。

因爲商業環境複雜且多變，怎麼可能用套的？死背硬套只會讓你的公司倒更快，最後生意能做得好的，通常都是商業直覺強，懂得從客戶角度、員工角度、政府角度、競爭者角度，以及從其他產業老闆的角度，去觀察多元環境的人。

不換位置，也要換腦袋，所以好的老闆通常都有員工的思維，好的員工很懂老闆的想法，好的行銷人會看重顧客思維，而最受歡迎的合作對象通常面面俱到，會顧及合作對象的利益。

時代在改變，如果我們仍然只能從單一行業的觀點來看世界，那是不夠的，過去我們說不要戴上有色眼鏡看人，一點也沒錯，但其實眞正能在自己的領域脫穎而出的人，其實都很擅長戴上有色眼鏡，只是他們不會只戴一種顏色，而是能夠戴上好幾副不同色的眼鏡，試著用不同的顏色來看世界。

記帳士這個職業，向來被認爲是每天面對數字的行業，唯一責任就是將顧客的稅務及財務管好就好，這不一定有錯，但若只有這一項技能，其實就不容易找到

自己在同業間的區別性，不容易有更廣大的發展。

作為一名記帳士，合作的客戶形形色色且以傳統產業居多，出於好奇的個性，讓我在穿梭大街小巷協助顧客創業、記帳、編製財務報表之餘，也看到、聽到了不少有意思的故事，而且大多是一些得實際在那個工作崗位上，否則無法看出門道的事例，不知不覺中讓我訓練出多面向思考的能力，並且在心底積蓄出一股熱誠想要與人分享，於是我成了《商周》《天下》《今周刊》等網路媒體專欄作家，有了些知名度，也有了些免費的廣告，更使我跟同業間有了些區別性，其實我只不過是多做了一件事，就是蒐集生活周遭的故事，培養了一些換位思考的觀點罷了。

換位思考為我帶來了各種可能性，讓我可以同時身兼多職，不僅不覺得累，還越做越樂，白天是街遊各業別的記帳士兼大學講師，晚上是照顧一歲娃的父親兼數據專家和專欄作家，我把人生過得精采豐富。現在透過這本書，我整理了一些曾經滋養我成長的人物故事：說服技巧高明的小兒科醫生，不只讓小病人乖乖服藥，也教會家長衛教知識；律師根據委託人的需要，刻意打輸官司，讓原告和被告都開心接受；牙醫師看蛀牙率就能分析出社區居民的教育水平及市場結構；茶行的老闆選擇不賣弄產區知識，而是用海拔數字來銷售高價好茶；禮品袋製造商明明知道會

是門賠本生意，卻仍相信了客戶的光鮮派頭……藉由故事中的老闆、工頭、業務、理專、飲料店工讀生等人的眼睛和解決問題的作法，培養出多面向的思維，那你的腦袋就會像是多了個哆啦A夢的百寶袋，遇到任何情況都能快速抛出最適當的相應之道。

就算是只想專注在自己本業上的人，擁有這項能力絕對能爲你帶來幫助。只有一套單一的作法，就像是只擁有一個法寶，面對不同問題時的解決力道一定不足，然而若能培養出方方面面融通的換位思考力，擴充你的百寶袋，解決問題的能力就會相對多元。

常聽人說：「換個位置，就換了個腦袋。」其實這並沒有錯，而在這個知識經濟的時代，創業容易成功的人，通常也很擅長爲自己換上好幾個不同的腦袋。活用各行各業、各領域學派的思維來面對這個世界。不管是準備創業、希望讓老闆給你加薪或升遷、缺乏溝通能力而不自覺的人，換位思考力絕對能幫你突破現狀。

CONTENTS

第二篇　換個腦，面對同一客戶能創造更大的利潤

第三篇　換個腦，開創競爭對手忽略的優勢和機會

第四篇　換個腦，就能看穿數字底下暗藏的玄機

第一篇
好員工要有老闆思維，
好老闆更要有員工思維

真槍實彈的幹活跟出一張嘴，完全是兩回事

「E04！叫你去幹活，活沒幹完就給恁爸去放風，很罩是不是？」

這一段粗魯又兇悍的喝斥，是一位工頭老闆，對一些不到二十歲小弟員工的訓話內容，對我這個平常不太出口成髒、用大吼來溝通的人來說，在旁邊聽起來其實還眞有點不習慣。

但工頭老闆卻說：「這些到工地打工的年輕人，愛講義氣不愛講和氣，喜歡用髒話問候彼此，還一個比一個痞，你不兇一點用髒話溝通，還眞不一定叫得動，習慣就好。」

似乎有些道理，原來我們過去所熟知的那些管理及激勵理論，在這裡不一定管用。

工頭老闆又反問我：「你們做顧問的，能寫出那麼多管理學、行銷學及商業個案，如果找你坐我這個位置管公司，公司應該可以快速成長吧？」

「這家公司八成會倒吧。」我不假思索地給出這個答案。爲什麼？因爲眞槍實彈的幹活，跟在旁邊出一張嘴，可完全是兩回事啊！會寫會講，只證明了你有一定的知識及獨立思考的能力，但是要管一家公司可不只需要這項技能，而且我也不懂土木、不懂建築，更沒辦法像工頭老闆那樣，用髒話及多字經與人溝通。

這麼說來，光說不練的顧問所提供的意見不就沒有參考價値了嗎？那也不一定，這或許可以借歷史遊戲《三國志》來解讀。

職場上的統率、武力、智力、政治、魅力

《三國志》是一套不少六七年級都玩過的電腦遊戲，以三國時代的歷史背景爲主軸，而人物才能的優劣，則取決於各項設定好的素質，如「統率、武力、智力、政治、魅力」。其實這五項數値，正反映了我們在職場上的各項能力。

「統率」就是帶兵打仗的能力，在三國時代的代表人物是亂世梟雄曹操，這項能力類似職場上的管理能力，公司的專業經理人特別需要這項能力。

「武力」就是單兵作戰的能力，在三國時代的代表人物是無雙之勇的呂布，這項能力類似現在職場上，各個不同位置中所需要的專業力。

「智力」就是策畫謀略的能力，在三國時代的代表人物是足智多謀的諸葛亮，這項能力類似職場上的知識及獨立思考力，顧問、幕僚等職務相對需要這項能力。

「政治」就是內政治國的能力，在三國時代的代表人物是王佐之才的荀彧，類似職場上的行政效率，秘書、助理等位置相對需要這項能力。

「魅力」就是個人服眾的能力，在三國時代的代表人物是仁義兼備的劉備，類似職場上對於他人的吸引力及說服力，老闆、業務等就

	能力	職位需求
統率	帶兵打仗	經理人、管理者
武力	單兵作戰	專業、技師
智力	策畫謀略	顧問、幕僚
政治	內政治國	秘書、助理
魅力	個人服眾	老闆、業務

不同位置及角色所需要的能力往往不盡相同，好教練通常鮮少是個好球員，好軍師成為好將軍的更是不多見。

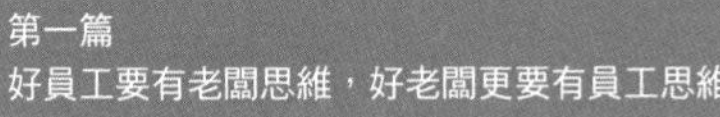

很需要這項能力。

在職場上，鮮少有人能夠五項全能，而事實上比起樣樣通、樣樣鬆的人，確實掌握自己位置上所需要核心競爭力更為重要。

好軍師通常鮮少是個好將軍

以工頭來說的話，他的施工專業就是「武力」，監工發號施令要靠「統率」，讓小弟服氣要靠「魅力」，但即使如此，再傑出的工頭也鮮少能五項全能，所以如果他不擅長「政治」及「智力」的工作，請一個秘書及顧問，就能彌補這兩點的不足。

當然，在現實世界，其實一個人的各項能力是很難像遊戲這樣，如此清楚具體的量化及被評分的，但我們仍可以試著在心中琢磨打一下分數，作為我們達到適才適所目標的參考依據。

所以「懂管理」跟「會管理」是兩回事，有「智力」的軍師幕僚或許懂管理，能給出一些不錯的建議，但不一定會管理，因爲實際率兵出征時，還是需要有「武力」及「統率力」的將軍來親征。

足智多謀的諸葛亮可不能在戰場上跟人兵戎相見，無雙之勇的呂布也不能在千里之處運籌帷幄。仁義兼備又有魅力的劉備，天生就是當老闆的料，但其實他騎馬打仗的能力一般般。

要知道，策略管理大師麥克．波特在二十六歲就當上哈佛商學院教授，此時的他根本沒有任何實戰管理經驗，但他提出的五力分析、競爭策略、價值鏈、鑽石理論，卻被每個經理人奉爲圭臬。

正因爲不同的位置及角色，所需的能力往往不盡相同，就算擁有不錯的知識及思考力，但做事時還是需要一些專業及幹勁。所以，好教練通常鮮少是個好球員，好軍師更鮮少是個好將軍。

超越表象的思維，創造大利多

每一個工作崗位所需的能力都不盡相同，搞清楚每個人的長處，再弄清楚每個位置所需的能力，才能發揮每個人及每個位置的最大價值。

愛因斯坦曾說：「每個人都有天才，但如果你用爬樹的能力，去衡量一條魚，他終其一生都會像個笨蛋。」如果不能適才適所，一個人的價值將會大打折扣。

跟豬隊友認真，只會讓你跟他一樣蠢

有一家記帳士事務所，執業人是位工作能力頗優秀的媽媽，因爲專業能力夠，爲人處事又頗得體，事務所成長得很快，辦公室請了不少員工。

由於事務所的工作常常需要往外跑，有時候是到客戶那兒收送發票，有時候是到市政府辦理商業登記，或是到國稅局辦理稅籍登記，處理相關的稅務申報等。這類外務工作時間很彈性，若要請一個專職人員，人事成本不划算，讓事務所的女員工騎車外出又怕危險，於是這位記帳士媽媽，就拜託自己的老公幫忙跑外務，做一名全職司機。

可怕的是，她的老公除了開車技術一流外，對於這行的專業根本一無所知，有時候還有點白目，會捅些大婁子。有一次到國稅局洽公時，因爲與稅務員在文件問題上溝通不良，雙方起了些爭執，這位專跑外務的老公竟出言不遜地說：「你們公務員領的是我們納稅人的錢，是我們在養的！」

要知道，對於記帳士事務所而言，稅務專業是最核心的營業項目，主管機關是財政部，國稅局是執業時主要的對應窗口，稅務員是重要的相關事業伙伴，只要能維持良好的默契，不但能吸收不少實務新知，還能事半功倍，讓整個工作更有效率。而這位專跑外務的先生卻跑去跟稅務員找碴，根本是腦袋不清楚。恐怖的是，他回到事務所之後，還洋洋得意地跟大家炫耀自己很罩！

「我剛好好的告訴了稅務員，公務員是領我們納稅人的錢，哼！」

聽完這位豬頭先生的炫耀詞，整個事務所的同事臉都綠了，這根本是「生雞蛋無，放雞屎有」的超級豬隊友啊。

設下停損，節省出包成本

要不了多久，這位豬頭先生闖的禍報應就來了，當天，承辦的稅務員很生氣的打電話到事務所說：「你們的外務問題很大，帳也一定有問題，請你們之後每個月都將帳冊送到國稅局，我要查帳！」

查帳？天啊，就算帳務沒有問題，但光要配合查帳這件事，就得耗掉不少時間及精神，有些傳票之前做得不夠仔細的，還得拿出來好好的檢查一番。這下問題大條了，該怎麼辦好？

這位記帳士媽媽不愧是個成功的生意人，她毫不猶豫地告訴稅務員說：「什麼！您說的是眞的嗎？我給這位先生工作機會，他卻如此白目得罪您，好，您放心，謝謝您告訴我，我今天就把他ＦＩＲＥ了！資遣費我明天就發給他。」

老闆娘並未告訴稅務員，這個白目豬頭是自己老公，而是當機立斷，把這位白目外務（老公）給ＦＩＲＥ！就這樣幾句話，老闆娘不但躲掉了被查帳的麻煩，還跟稅務員成了同仇敵愾的好朋友，一起好好的罵了那位無的放矢的白目外務。

當然，後續動作還是要做得漂亮點。從此之後，爲了避免老公再捅婁子，最重要的國稅局任務，都不再交辦給他。而這位豬一般的隊友，尚不知自己已被老婆給ＦＩＲＥ了，只覺得國稅局的工作少了，至今還沾沾自喜覺得自己很行……

甩不掉豬隊友，就換個腦想一下任務分配

幾乎每一個組織裡或多或少都有些豬隊友，他們專捅婁子找麻煩，最可怕的

是，豬隊友的共同特色，就是他們永遠不知道自己有多豬，永遠都在努力幹蠢事，就算現在不做，未來找到機會也會做。

遠離豬隊友是最好的選項，問題是不少的情況是，根本無法脫開。就像這位記帳士媽媽一樣，豬隊友正是自己最親近的人。每個人當然都希望身邊有「神隊友」支援，但現實往往難盡如人意，只能嘗試去降低他們帶來的傷害。

當麻煩已經發生時，全力檢討豬隊友其實意義不大，能做的是趕緊設下停損點，迅速將豬隊友拉離麻煩現場。

組織中領導者如何分配任務很重要。至於神隊友，最好不要讓他們的工作太繁瑣，而要將他們的價值聚焦在關鍵任務，反之，給豬隊友的最好安排，就是千萬別交付重要的工作給他們，任務越簡單越好，權責越單純越好，避免節外生枝。

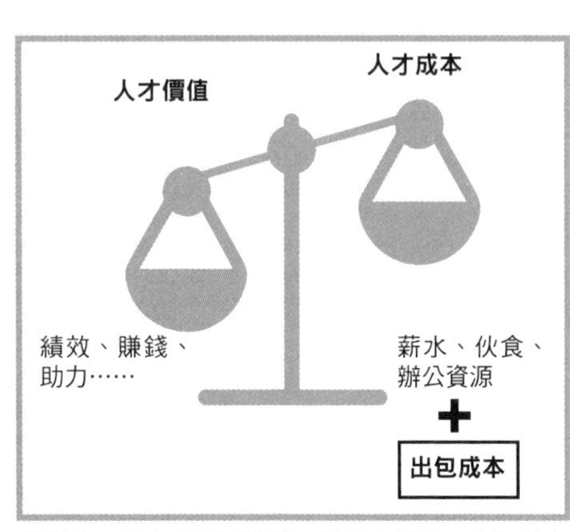

組織中一個人才值不值錢？當然必須列入出包成本來計算。但在許多中小企業裡，經常出包的豬隊友往往都是親友。如果不能有效停損出包成本，基礎再好、資本再雄厚的公司也可能被拖垮。

一個人才的價值，可以從他能創造的價值以及他帶來的成本來評估。說到成本，通常會想到薪資、培訓、時間、空間成本等，但不能忽略的，其實還有「豬隊友」可能帶來的「出包成本」。一旦工作上出了紕漏，就不單單只是豬隊友一個人的問題了，還得付出其他人不少額外的成本來收拾殘局。

組織領導者若能好好的換位思考，在豬隊友捅婁子之前，先想到他們可能捅什麼婁子，並小心別把太重要的任務分配給他們，就能減少支付「出包成本」。

超越表象的思維，創造大利多

美國傳奇賽車手凱奧．亞伯勒曾說：「別跟豬打架，因為你們倆都會搞得髒兮兮，但豬卻是樂在其中。」記得，別用過多的情緒去面對豬隊友，認真了，只會讓你們看起來一樣蠢。

人才的潛在價值不易量化，別再只看ＫＰＩ

有一家船公司，主要的營業項目爲船舶的製造及維修，由於訂單及業務量並不固定，因此員工的雇用多是採用約聘制，以日給的方式計薪，因此一般而言，公司的員工流動率相當高，核心的固定班底培養不易。

船公司的工作需要搬運材料，操作重型機械，還要爬上爬下檢視船舶的各個細節，這些都是需要體力的工作，因此大多雇用年紀較輕的員工，一來比較能應付勞力密集的工作內容，二來年輕人的身手也比較矯健。

但我發現，有一位年近花甲的李師傅，幾乎是船公司老闆的固定班底，這位李師傅頭髮已經花白，在一群身強體壯的年輕員工裡，看起來更顯年長。除非他深藏不露，衣服拉開六塊肌、二頭肌、人魚線樣樣不缺，不然正常情況下，他的體力一定不如這些年輕人，爲什麼老闆還這麼愛用李師傅呢？

一次偶然機會下，船老闆跟我分享了他的人事薪資表，看完這份薪資表我更

驚訝了，這位年長的李師傅，明明工作的績效及貢獻度，遠遠不及其他年輕人，但老闆付給他的酬勞，完全不亞於其他人，甚至比起同儕高出許多。

按理說，工廠的體力活是可被量化的：搬了多少材料、幹了多少活、工程進度有多快等，貢獻度越高的員工，本來就應該領越多的工資才對，既然如此，老闆爲何不多請位年輕人進來，反而高薪留李師傅在班底呢？

績效表上看不到，卻有連城之價的「安心價值」

在跟船老闆促膝長談後我才知道，原來留住李師傅的目的不是爲了可被量化的「績效」，而是無法被量化的「安心」。

什麼意思？

老闆說，像造船廠這樣的工作環境，其實是一個高風險的工作，一次的工安意外可能就要賠掉近十年的營業額，弄不好還可能賠掉整間公司，買樂透是用少少的錢，去買那個可能一夕致富的「萬一」，而我們經營公司的，卻是要努力去避開那個可能一夕致命的「萬一」。

有經驗沒體力的李師傅，自始他的價值本來就不在體力活上，而是他能夠時時刻刻巡頭巡尾，有效降低公安意外發生的可能性，且如果萬一眞的發生意外，只要有李師傅在，他也是最懂得如何把損失降到最低的一員大將。

光是能讓老闆多安點心，其實就已經是一個無可取代的潛在價值了。所以李師傅的工資不但不貴，對船老闆而言簡直是物超所值，在工作之餘，船老闆也最願意花時間陪李師傅喝點小酒，博博感情，因爲對這家公司而言，這位李師傅眞的太重要了。

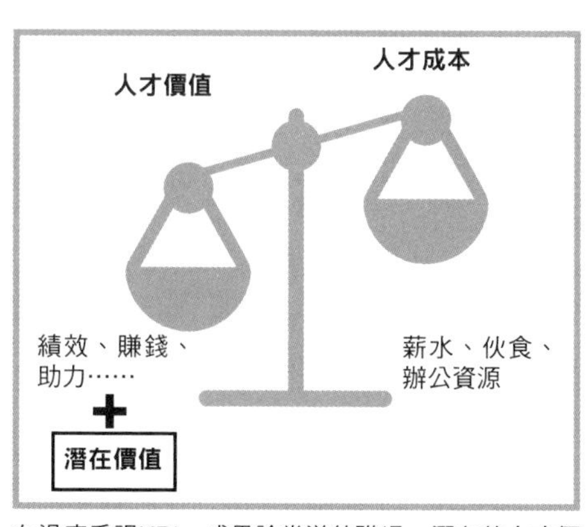

在過度重視KPI，成果論當道的職場，潛在的人才價值很容易被忽略。在現今績效普遍不佳的景氣下，更需要留意不易量化的人才價值，避免組織裡盡是只做表面工夫的成員。

單憑KPI無法確實看出員工的價值

一般而言，組織在衡量一個人才的價值時，通常會從這個人的「貢獻」與「成本」來考核。所謂的「貢獻」，就是這個人爲公司創造了多少績效，也許是體力上的付出，也許是拉進來的業務量，究竟爲公司賺了多少錢。而所謂的「成本」，通常指的是這個人領了公司多少薪水，用了公司多少的培訓和辦公設備資源等。

有趣的是，有些「貢獻」可能不是那麼容易被量化的，我們能夠發現在職場上有一些人，可能並沒有過人的學歷及工作績效，但只要有他們在，工作氣氛就是比較好，大家做起事來就是比較放心，其實，這就是一個人才所具有的「潛在價值」。

潛在價值高的員工，通常具有一些特色：

1. 他們鮮少將自己放在顯眼的位置上，而是默默的爲組織付出及加分。
2. 他們鮮少會把問題丟給他人，而是樂於分享資訊，激勵他人。
3. 他們願意將精神及時間，放在比較菜或是學習較慢的同事身上，幫助他們更快上軌道。
4. 他們通常可以扮演多種角色，缺溝通者，他們能溝通；缺領導者，他們能領導，就算有雜務需要幫忙，他們也不會推拖。
5. 他們能夠面對危機，更善於在災難來臨前，就先預防或是想好解決方案。

有趣的是，這些可貴的潛在價值，通常不容易被量化，更別說是反映在員工的工作績效表上了，但是卻眞眞切切地影響著組織的運轉。

如果遇見了一個目光如豆，只懂得看數字的主管時，這些價值就容易被忽略，久而久之，組織就只剩下懂得做表面工夫的員工了。

看一個員工的價值，不能只看表面工夫，更要看見潛在價值。

超越表象的思維，創造大利多

人才的價值評估不易，但只要是正式的組織，通常就有一套衡量標準及關鍵績效指標（key performance indicators, KPI），作為整個工作成效的評核指標。若以此定義，KPI高的員工就是好員工，KPI低的員工就是表現較差的員工。

但事實上，有些貢獻並不容易被量化，就像這位造船廠的師傅一樣，只要有他在，無論是工作氣氛還是工作效率就是比較好，大家做起事來就是比較放心，這就是一種潛在價值。而事實上，表面工夫永遠不如真實價值來得重要。

越是蠢的主意，越容易被將錯就錯加碼進行

住宅社區通常都有個管委會，負責管理、協調及督促整個社區的發展事務，雖然是無給職的服務性質工作，但仍然具有一定程度的權利，去決定社區內一些公共空間的使用。

某個社區管委會就曾發生過一件爭執，是關於地下室的停車場是否該加裝電動鐵捲門，以增加停車場的隱蔽性及安全的問題。該社區的停車場入口原本就有二十四小時的管理亭，而且裝上鐵門恐不利於地下室空氣流通，因此多數委員都認爲，這不是一個必要的設備，不應該浪費公帑。

當中卻有一位委員獨排眾議，他認爲安裝鐵捲門可以加強門戶安全，也能提升整個社區的住宅品質，甚至認爲其他委員根本思慮不周，腦袋不清楚，於是以高分貝的音量，強勢主導了整場討論，認爲非裝鐵捲門不可。其他委員儘管覺得不妥，也嘗試過好好的溝通，但一來拗不過他，二來也不想傷和氣，就半推半就地通

過這項議案。

然而鐵捲門才裝好一週，就有住戶開始怒罵，因爲整個地下室的空氣變差了，進去停車或開車，都必須待在悶熱不已的空間。而這位獨排眾議的委員，爲了回應住戶的抗議，卻又不希望自己主導的鐵捲門變成一個失敗的決策。於是他又在下一次的委會員中，以提升住戶的品質爲由，要求加碼將鐵門的設計改爲鏤空透氣式，宣稱這樣就能兼顧裝鐵門的安全性和空氣流通。

改換鏤空鐵捲門後，過了一週，又有住戶抱怨及質疑，停車場入口已有二十四小時警衛，裝了鐵捲門，住戶要先備好遙控鎖開關鐵捲門很浪費時間，也等於多付了保全人員的薪資，到底是哪些腦袋不清楚的委員決定裝鐵捲門？

管委會成了千夫所指，但是錢都花了，總不能再花一筆錢拆掉吧。最後鐵捲門形同虛設成了二十四小時開啓的狀態，加裝這個鐵捲門，無疑是個蠢主意。

承諾的提升？

其實不只是一般社區的管委會，從學生的報告到職場上的工作開會，我們並不難發現，很多時候會議的走向，往往容易被少數強勢的主導者掌握，也許是老闆，也許是主管，也許只是自信過盛的與會者。

爲了達成表面上的和諧及共識，有時就會陷入一言堂的困境，即使部分腦袋清楚的人想要跳出來反對，卻又在氣勢上拗不過這些腦袋不清楚的自信者，就算每個人都知道這眞是個笨主意，但最後的結果仍無法阻止笨主意付諸實行。

更可怕的是，越是蠢的主意，越容易被將錯就錯加碼進行。爲了掩蓋這個決策有多麼蠢，只好再加碼投入資源去改善，希望能讓這個蠢主意看起來不要那麼蠢，以免作決策的自己像個蠢蛋，反而形成了一個惡性的循環，這就叫「承諾的提升」。最終，整個決策的品質及效率只會越來越差，往越來越笨的方向前進，成爲一個笨蛋群體。

聰明人充滿疑惑，笨蛋卻充滿信心

由於每一個人所擁有的資訊及知識都是有限的，也因此每一個人都是「有限理性」的個體，只要是需要開會討論的議案，就一定是大家妥協後的結果，就不可能存在著一個百分之百滿意的「最好答案」，而只會有「較好答案」的存在。

最早經濟學通常建立在一個「完全理性」的理想決策模式中，假設人們可以在資訊完整的情況下來作決策，然而現實中幾乎完全不可能。經濟學家西蒙於是提出了「有限理性」的觀念，認爲人們通常只能在有限的資訊中進行決策，所以每一次的決策，都不應該過度的自信及理想化。

腦袋越清楚的人，越理解這個道理，因此看問題也越保留，認爲一定還有「更好答案」存在。

腦袋越不清楚的人，反而會越執著於自己腦袋中的那個「最好答案」，慣於用充滿自信又強勢的方式，希望大家能理解這個唯一解答。

美國詩人布考斯基（Charles Bukowski）曾說：「這世界的問題是，聰明人充滿疑惑，蠢蛋卻充滿信

	完全理性	有限理性
基本假設	假設人為完全理性	假設人的資訊處理能力有限
時間	擁有足夠的時間	有限的時間壓力
資訊	擁有完整的資訊	無法取得完整資訊
決策目標	最佳解決方案	相對較好的方案

過度自信、自滿的人，往往與笨蛋無異

只要是需要開會討論的議案，就一定是大家妥協後的結果，不可能存在百分之百滿意的答案（完全理性），而只會得出較好的答案（有限理性）。

心。」充滿自信的笨蛋，永遠是群體決策時的毒瘤，如果沒有人能站出來阻止他們，那麼就算組織其他人再聰明，群體最終也只能走向笨蛋路線。

永遠記得「決策沒有最好，只有較好」如果有個人，常對自己的決策有百分之百的信心時，他有萬分之一的可能是天才，百分之九九．九九的機率是笨蛋。

超越表象的思維，創造大利多

無知比起有知者，更容易產生自信，所以老是自信滿滿的那些人，反而更可能是個笨蛋。一個組織只要有一個充滿自信的笨蛋，又沒有人能適時阻止時，組織就很容易一起走向笨蛋路線。

一個人有百分之百的信心時，只會有萬分之一的可能是天才，這機率微乎其微，因此可以直言，是笨蛋的可能性大多了。

當你擁有無可取代的價値，才會是職位的主人

有一位朋友，因爲能力不錯，又跟公司的大老闆有些親戚關係，因此在公司升得很快，最後更坐上了採購部經理的位置。

採購有油水，幾乎是公開的秘密，對於其他公司的相關業務人員而言，採購主管不但得罪不起，平常的禮數更一點都不能少，只要打好關係，未來合作會順暢許多。內行人都知道大公司採購主管這個位置，其實擁有不小的決策權，要跟誰採購，買什麼禮品或產品，訂購量與單價如何呈報等。也因此經常有正式會議及非正式的把酒言歡場合，結交了不少業界的朋友，一個比一個還要麻吉，在業界的面子可眞不小。

儘管坐上採購主管這個風光的位置，但這位朋友還算是嚴守分寸，就算應酬多、朋友不少，一直到準備退休前，都沒有爆出什麼舞弊、收回扣等大亂子，算是安全下莊，功成身退。幾年前正式從公司的第一線退下來，雖然上了年紀，但靠著

過去累積下來的人脈及經驗，現今仍在其他中小企業擔任顧問，可說是風風光光，生活充實。

給你面子是因為你在那個位置上

有一次，一家中小企業加工廠的老闆，希望能跟某家大公司合作，卻苦無門路。在生意場上，想得到一個理想的引薦並非易事。因此若能找到一個有力的推薦人，對加工廠來說可真是貴人中的貴人啊。

經人引線下對方找到了我這位之前擔任採購主管的朋友，恰巧朋友跟他們的目標客戶熟識，過去曾多次合作。於是趕緊抓住機會前來拜訪。

「經理您好，很榮幸認識您，希望請您幫個忙，幫我們公司牽個線，如果能拿到這個訂單，您這份大人情一定沒齒難忘。」加工廠的老闆說。

「哦，你們想跟這家公司合作呀，沒問題，我幫你們牽線，他們的經理我很熟。」這位採購主管一口答應了。依照他過去累積下來的人脈及面子，對於牽這樣的一條線，根本是輕而易舉。

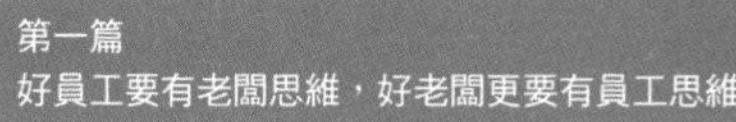

結果呢？看在他的面子上，線真的順利牽成了，也得到了商談的機會，然而在最後定案時，卻被打槍了，這麼回事？

這家加工廠，雖然被放進了決選名單，但事實上從一開始就不在考慮的範圍內。原來，大家表面上恭恭敬敬，但也只是作作樣子，過去的麻吉及面子，都是因爲你在那個位置上，擁有相對的資源及決策權，只要離開了那個位置，自然就失去了你的角色，也失去了你的舞台，給的面子自然就薄了一些。

一個好的組織位置，會讓你的人脈更暢通，在你眞正打造個人品牌之前，其實組織賦予的這個位置，幾乎就是別人給你面子的厚度。因此，當你離開了這個舞台，除非你已經打造出跳脫原職位的個人價值，不然形同這個舞台不再需要你這個角色，也不再需要給你面子了。

得弄清楚別人給的面子，是要給你個人，還是給你的位置。

每個人都像演員，需要角色與舞台

社會學家戈夫曼（Erving Goffman）認爲整個社會就像一個舞台，每一個人都扮演著自己或別人定義的角色。而名片上的頭銜，其實就像你被分配到的角色一樣，決定了你在他人心中的位置，也決定了你擁有的面子。

在這個社會的舞台上，人們會習慣將這些印象內化後，作爲如何去表現自我的依據，又可分爲幕前與幕後，幕前是其他人看的見的部分，也是每個人希望呈現給別人的形象，幕後也許是爲了幕前所下的苦功，又或是一些較不爲人知的行動。

所以，過去當你在舞台上風光時，人們在幕前會希望與你結交，到了幕後也會敬你三分，但當你失去了這個舞台及角色，在幕前，或許仍然恭恭敬敬，但到了幕後，那可就不一定了。所以常聽人說，一個人的價值，是當你拿掉了組織賦予的名片之後，還剩下什麼來決定。

莎士比亞曾說：「世界就像個舞台，你我都只是演員，我們都有進場和退場的時候。」其實每一個工作崗位，就像是舞台劇中的一個角色，每個人都像是演員，而演員都需要舞台。

個人品牌

面子來自於個人
自己創造舞台

名片／職位

面子來自於職位
失去舞台後，就失去面子

職場就像是一個大舞台，每一個工作崗位都需要一個演員，只要演得好，就會為你贏來掌聲，甚至是名聲。

超越表象的思維，創造大利多

人生如戲，戲如人生，我們可以把職場當成一個舞台，而如果想要在這個舞台上發揮影響力，首先你要爭取到一個好角色，然後扮演好這個角色，最後，讓你成為這個角色不可取代的扮演者。

所以記得，在擁有個人價值前，你所擁有的職位是你的主人，當你擁有了個人不可取代的價值時，你才是這個職位的主人。

SOP標準化的效率外，還得添加人性化的溫度

某一天，來到麥當勞想打打牙祭，就在櫃台排隊準備點餐時，忽然有位約莫四十歲的媽媽，臉上蘊含著不滿及怒氣，將原先準備要內用的餐點及餐盤拿到櫃台，口氣不太好地說：

「喂！幫我包起來，我要外帶。」

櫃台服務員對這位媽媽的態度感到錯愕，而在場的其他客人，幾乎都用同一種看奧客的眼光在看這位媽媽。

「打個包有需要那麼兇嗎？人家又沒賺你多少錢。」我心中想。

但既然是客人的要求，服務員也趕緊接下餐點進行打包的動作。然而這位媽媽似乎不因此而滿足，看起來很不耐煩的欲言又止，又踱步了幾回後，終於忍不住開口向櫃台抱怨起來：

「你們洗手台的地板是濕的，害我的小孩剛剛跌倒了，所以我才要趕回家，

不在店內吃，爲什麼你們的洗手台地板是濕的？」

原來，這位媽媽帶著兩個孩子來麥當勞用餐，孩子在店內玩了起來，可能洗手台剛好有其他客人使用過，且隨手將水甩在地上使得地板有些水痕，孩子互相追逐下而導致意外發生，幸好只是皮肉傷並無大礙，但無論如何，已讓這位媽媽的心情大受影響。

不過是兩塊錢的塑膠袋，就給了吧！

櫃台服務員除了點頭道歉外，一時也不知該如何回應，就在將餐點用幾個紙袋分裝完交給這位媽媽時，媽媽提出一個要求：「能給我一個塑膠袋嗎？那麼多包我怎麼拿？」

櫃台的服務員聞畢，手腳俐落地在收銀機敲上兩元，印出發票說：「好的，塑膠袋是兩塊錢。」

我心想：「這位媽媽都已經瀕臨爆發邊緣了，怎麼這兩塊錢的人情也不做一下，也太SOP了吧！」

果然，這位媽媽的最後一根理智線崩斷，大吼：「叫你們經理出來！我本來打算要內用，是你們的環境有問題，害我孩子跌倒才改成外帶，你們還敢跟我要塑膠袋的錢？」

櫃台的服務員被這位媽媽的反應嚇了一大跳，面有難色的僵在那兒，不知如何是好，直到請示完其他店內的前輩之後，才趕緊拿出塑膠袋進行裝袋，送走了這位媽媽。

對於店家而言，他們一天整理店內環境數次，然而剛被客人使用過的洗手台，以及店內嬉鬧的孩子，很多時候眞的不在控制範圍內，餐廳不是遊樂場所，孩子在這邊奔跑跌倒，這家人自己也得負起責任。

平心而論，這位媽媽的要求並不過分，只跟櫃台表達了孩子跌倒的不滿，以及要求改成外帶，並未索取任何其他補償，眞要算的話，也只有那兩元的塑膠袋。

對於得寸進尺的奧客，我們當然鼓勵鞭數十，驅之別院，但有時候不少客人其實就像這位媽媽一樣，只是因爲一些意外而有了些情緒，身爲店家，只要提供一些適當的服務就能滿足，這種時候太制式化的ＳＯＰ還眞不太管用。

大方向靠SOP，小細節得靠臨場智慧

十八世紀時，所有產品的生產工序都相對單純，隨著工業革命興起，生產規模逐漸擴大，產品及工序也越來越複雜，於是打造一個標準作業流程SOP，讓每一個生產細節都能更精確，採用統一工序的操作步驟，就成了每一家工廠及企業的必備作業。

麥當勞最早的創辦人麥當勞兄弟就將原先用於工廠的科學管理思維，套用在自家的餐廳中，模擬出哪裡擺麵包、黃瓜、擠番茄醬、炸薯條，哪裡將漢堡包裝好送出，並經由反覆的測試及修正，找到了最快的出餐效率。

之後雷・克洛克（Ray Kroc）開始了麥當勞的加盟事業，經由品牌的建立，取得加盟者及銀行的信任，再透過標準化的流程，成功複製這套商業模式，達到快速擴張擴點的目標，打造出全世界品牌價值最高的餐飲事業。

無論是麥當勞兄弟還是雷・克洛克，他們的成功都是因爲打造了一套能賺錢的SOP，可以說SOP正是大部分企業得以順利運轉，最重要的一個工具，然而SOP眞能解決所有問題嗎？

彼得．杜拉克曾說：「組織存在的目的，是要讓平凡的人，能夠做到不平凡的事。」ＳＯＰ要成功，除了標準化的建立之外，還必須讓現場有人能夠跳脫標準化來管理，一來確保管理系統的順暢，二來進行例外事項的控制及決策。

大方向靠ＳＯＰ，小細節得靠臨場智慧，在追求標準化的效率外，還得有些人性化的溫度。兩元的塑膠袋，就送了吧！

超越表象的思維，創造大利多

最好的管理，就是不用管理，所以沒有一個組織是不需要ＳＯＰ的，但絕不能當它是萬靈丹，ＳＯＰ畢竟是人訂出來的，只要是人想出來的，就一定有不足的部分。況且不論是員工還是顧客，都有千千百百種，怎麼可能只靠同一套ＳＯＰ，就能滿足所有人的需求呢？

專案管理之颱風天電力搶修，插隊沒關係？

颱風不但可能造成人們外出或工作的不便，有時候還可能侵襲到供電供水設備，導致停水停電。對於已經習慣文明生活的我們而言，沒有電就沒有電燈、沒有電扇、沒有電視、沒有電腦，連要滑個手機，都要擔心沒地方充電，民眾因此怨聲載道。

某次強颱來襲，造成大停電，一位中南部的村長家裡電話因此響個不停，村民無電可用，紛紛打電話抱怨。

村民：「村長啊，咱這裡到底還要多久才能有電啊？」

村長：「我有在催，現在有在搶修了，我家現在也沒電啊。」

村民：「那我下次怎麼投給你……」

彷彿有沒有電，電來得夠不夠快，就決定了村長的好壞，可怕的是，偶然聽見隔壁村，竟然不到半天的工夫，已經來電重見光明，怎麼我們村還沒有電？大伙

對於沒電的不滿情緒更加高漲，於是找上了在地的民意代表。

村民：「代表啊，隔壁村的代表都已經要到電了，是不是你不夠力啊？」

對民意代表來說，最重要的使命就是解決選民的問題，怎容得下如此指控，當然要立刻致電相關單位關切一下，趕快恢復選民的用電權益啊。

代表：「喂！我是某某代表，我的選民沒電可用，聽說隔壁村已經復電，是看不起我嗎？你們不趕快處理，是希望我親自過去跟你們長官好好關切一下嗎？」

資源有限，欲望無窮

這些都是發生在風災期間的眞實故事，「會吵的小孩有糖吃」早已成爲不少民眾根深柢固的價值觀，然而如果整個維修的過程，被迫必須依關切聲音的大小來調整時，最終可能反而多數人都是輸家。

對於電力公司的維修單位而言，在百忙之中，還得面對來自各方的關心，勢必得不停的調整修復計畫及行程，以回應這些人們的熱情關切。

一位搶修的伙伴告訴我們，一天的維修資源其實是有限的，再怎麼催，速度

還是只能這麼快，事實上，越多人來關切，最後的總速度反而更慢。

人的欲望無窮，資源卻是有限的。經濟學家柏瑞圖（Vilfredo Pareto）告訴我們，如果一群人能夠分配到的總資源固定時，當有人想提升自己的私利，就會造成他人權益的傷害，此時就形同整個社會總福利的損失。

因此在資源的分配未達到最適時，就表示應該還有一些路徑跟方法，能夠在無人權益受損的情況下，持續去提升總福利，即爲柏瑞圖的最適效率（Pareto efficiency），這是一種相對公平及有效率的理想經濟選擇模式，總體經濟的運行應該具有其合理性、效率性及公平性，如果爲了滿足部分人的私利，去改變這個合理的運轉模式，就會傷害全社會的總價值。

有效率的專案管理嚴禁插隊

一個好的維修計畫，要考量到效益最大化及路線的安排，且部分地區因爲道路中斷或路樹倒塌，必須等候其他單位的配合及協助，因爲勢必要有一個相對合理的專案管理思維在。

專案管理通常存在四個部分，分別爲計畫（Plan）、程序（Processes）、人力（People）、權責（Power）。當遇到一個明確的任務時，我們必須先去規畫及預測整個任務，並進而去設計出一個結構良好的作業程序，有了合理的整體規畫之後，再將適合的人力資源投入其中，而這整個專案，都應該要有明確的權力、責任、目標等。

著名的甘特圖，就是以橫軸爲時間，縱軸爲任務，去顯示整個計畫中，任務和實際活動完成的情況，以明確的掌握整個計畫的進度，進度落後的要追，原計畫不合理的要調整，不能像個無頭蒼蠅一樣，沒有方向的瞎忙。

如果爲了配合部分人的關切，去改變整個維修路線及計畫時，勢必造成最終維修進度的延遲，讓整個修復計畫變得更無效率，甚至部分的民眾因爲動氣而

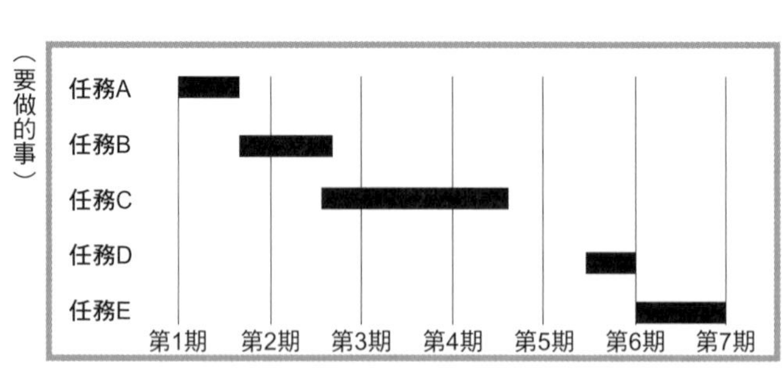

一個優質的專案管理，一定就像「排隊」一樣有其效率性，但如果有人「插隊」，就會失去最佳效率性。

動粗，更是傷害了整個社會的總資源。就像原本已經有了一個排好隊的計畫，卻時時刻刻得接受別人插隊一樣，不亂才怪。

資源有限，人的欲望無窮，平時偶爾當個要糖的吵鬧小孩，其實無傷大雅，然而在重大天災人禍之時，可用的總資源是相當欠缺的，這時再來吵，就形同於剝奪他人的權益，有失整個社會的公平性及效率性。

如果每個人都能多些耐心及同理心，電來得或許會更快！

超越表象的思維，創造大利多

在任何組織中，都會有些人喜歡投機、鑽漏洞、貪小便宜，希望自己能夠要到某些他人沒有的特權。小心，損失的可能不單單只是那些他們想要的小私小利，更可能影響整個組織的「最佳效率」，成為一個沒效率的群體。

所以，勿以惡小而讓這些人為之，當一個組織准許他人插隊、不守規矩時，損失的可能比我們想像中的大多了。

為什麼老闆不也給自己打一下考績？

某一家小公司的老闆，在一次聚會中大吐苦水，不斷地抱怨公司「前會計」的不是。

「我不是一個小氣的老闆，當大家都給二十二K的時候，我已經給這個會計二十五K，沒想到真心換絕情，這個會計竟然給我慫恿其他員工一起罷工！」

細問之下，原來這是一家上班時間爲星期一到星期六中午的小公司，而會計也要兼生產線打雜，然而當勞基法修法後，這位會計跟老闆提出希望星期六可以休假，但如果眞的臨時有重要的事情，也願意以加班的方式過來幫忙。而且會計認爲，當初明明是應徵會計，爲什麼還要兼生產線的工作，下班手機還不能關，得隨時回覆老闆？這樣不就沒私人時間了嗎？

然而，這位老闆卻認爲，二十五K薪一週工作五天半，是本來就說好的勞僱條件，如果星期六想放假或算加班費，底薪也該先拉低到二十二K。總之，最終的

工作時間及總薪資，就是不應該有太大的變動，而且下班時間回一下老闆電話也不算過份要求？

「退一百步來說，如果本來星期六不用上班的話，我當初根本不會給二十五K，這個會計眞以爲自己那麼値錢嗎？」

最後，老闆與會計談不攏，兩人因此撕破臉，這位會計不但毅然離職，離開前還慫恿其他員工一起罷工，到處說這個老闆根本是個慣老闆，不懂得尊重員工的時間，盡找前東家的麻煩。

大伙聽完後都認爲，先不論這份待遇是否合理，一個在離職時會興風作浪的員工，聽起來無疑也是個麻煩的「慣員工」。

找專門人員應急包案，卻只肯給時薪？

接下來，這位老闆希望大家能幫忙提供人力，作爲找到下一個「會計」前的緩衝，這並不是一個太困難的工作，公司有進銷存軟體，營業額也不算太大，只要每週一天花兩三個小時的時間，將一週的發票進行整理及歸檔即可，但仍需要一個

有點會計及電腦基礎的人，才能事半功倍。

那麼，薪資呢？在我原本的預期裡，一週雖然只需要花兩三小時，但有通勤成本又是短期的客製化需求，每週一千元左右應該是個基本要求。

然而，這位老闆卻理所當然地說：「現在最低工資不是一百三十三元嗎？我就大方一點，時薪算一百四十元！」

「時薪一百四十元？」

我掐指一算，這位老闆要求一週來兩個小時，這還不算通勤時間，去做一個臨時、客製化、沒勞健保、還要有會計基本概念的管理會計工作，而他只願意一週給兩百八十元，一個月花個一千元左右，就想省下一個正職會計的薪水？算盤打得也太精了吧。

其實除了這個「前會計」之外，這次的聚會他也沒少嫌其他員工的不俐落。原來，當他在大吐苦水，指責別人是「慣員工」時，渾然不覺自己其實正是個貨眞價實的「慣老闆」。

別成了慣老闆而不自知

坊間大部分的管理學，都在談論如何去管理員工，如何去衡量員工的價值，然而其實有時候我們應該試著反過來想想，爲什麼老闆就不用被打考績？如果不試著去打一下分數，還眞沒有一個慣老闆會知道自己是個慣老闆。

所謂的慣老闆，通常指的是要求多，肯給的又少的苛老闆，慣老闆通常具有幾個特質：

1. 慣老闆愛用最低工資，來衡量員工薪水價值。
2. 慣老闆最愛共體時艱，但賺錢員工不會加薪。
3. 慣老闆常缺乏同理心，不站在員工立場思考。
4. 慣老闆沒在看上下班，不尊重員工私人時間。
5. 慣老闆常常頤指氣使，用高高在上方式說話。
6. 慣老闆通常好大喜功，若有成績是老闆賢明。

如何去衡量？我們可以試著拿出一個秤，秤的一邊

放上這個老闆願意付出的有多少，這個付出，除了有形的薪水外，還應該考慮到工作環境、組織文化、休假、其他福利等。

秤的另一邊，放上這個老闆對於員工的要求有多少，除了有形的工時之外，還應該考慮到勞動條件、職災風險、心理壓力，以及下班之後到底能不能眞正的放鬆等等。

如果這個秤的兩邊不對等，且老闆所索取的，遠遠大於老闆所願意付出的時候，那麼，這就很可能是一個「慣老闆」。

常常指責員工，又喜歡對別人大吐苦水的老闆，往往是慣老闆的潛力股。他們聽不見員工的心裡話，卻又喜歡將自己放在受害者的位置上，評斷他人的不是。當心，別成了「慣老闆」而不自知。

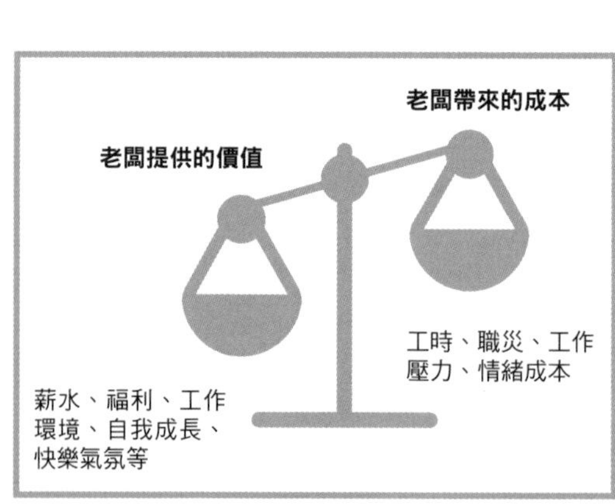

當老闆所願意付出的（提供的價值），遠低於對員工要求時（帶來的成本），就有慣老闆的嫌疑。

超越表象的思維，創造大利多

會變成慣老闆，通常就是少了員工思維，只會從自己的利益及角度出發，所以他看見的不是員工付出多少，而是自己付出的薪水有多少。所以他看不見員工上班時間的辛苦，卻想著干涉員工的下班時間。殊不知，不止是老闆會打量員工，員工一樣懂得衡量老闆。

當一個老闆對他人的苛求，遠多於能拿出來的誠意時，很可能就是個慣老闆。

排隊便當店老闆少賺十天，其實賺更多

便當是不少上班族中午休息時，用來填飽肚子的選擇，對某些人來說，這可能是每天都有機會「交關」的地方，因此一家便當店究竟好不好吃，服務好不好，就顯得格外重要。

有一家東西好吃、員工手腳俐落，又經常將笑容掛在嘴邊的便當店，平常吃飯時間一向大排長龍，無論是外帶還是內用，客人總是絡繹不絕，想買個便當，還得花上不少時間排隊才買得到。也不知道是不是人們就是喜歡排隊，有時候尖峰時段可能要排將近半個鐘頭。

一日中午，與幾位朋友正想去這家店排隊買個便當時，卻發現這家便當店竟然沒有營業，我們撲了個空，店門口貼了一張大大的公休告示：「本店從○月○日起，公休十日，若造成不便敬請見諒。」

一家生意那麼好的便當店，營業額一定不錯，如果我是老闆，寧願多請一些

人輪流顧店，也不會選擇放長假，更何況一放就是十天？

於是就與身邊的朋友一起腦補了起來，天南地北地討論，老闆究竟爲什麼要放長假。

「可能是事業做太大，股東拆帳有問題。」

「可能是生意做太累，老闆累倒掛急診。」

「可能是客人來太多，房東眼紅要漲租。」

當然，這都是我們自己的想像，正確答案只有便當店的老闆自己知道，好不容易過了十天後，便當店重新開門放飯，我們又來這家便當店排隊了。

爲了確認之前的腦補內容究竟有沒有猜中，於是我找了個機會就開口問了老闆：「老闆，你們忠實的老顧客那麼多，怎麼會一休就休了十天啊？這不是少賺很多錢嗎？」

「哦！因爲我們全店的伙伴一起到歐洲玩了。」老闆輕描淡寫地回答。

原來，老闆感念平常生意太好，大家太辛苦，因此就招待全體員工一起到歐洲玩，放棄了那十天的營業額，而且，這是他們便當店每半年一年就有一次的常態性活動。

這倒是出乎我們的意料之外，原來不是股東算盤精，不是房東眼睛紅，而是老闆想要招待員工去旅遊，感謝大伙爲這家店的付出。或許也正因爲如此，這家便當店員工在服務時總能常保熱誠及笑容。

老闆自己敢吃的東西才賣

此外，由於這家便當店的生意太好，有時候一直到下午兩點多仍有排隊人潮，所以老闆及員工都得偷空輪流吃飯，而關於員工餐這件事，這家店也有一些學問在。

老闆與員工的伙食，吃的都是與客人一樣的東西，只差在容器的使用上沒那麼講究，就是簡單拿一個碗公，添好自己想吃的飯量，選個主菜及配菜後，直接就在店內找個空位，在客人都看得到的地方大快朵頤起來，並沒有專用的吃飯休息室。

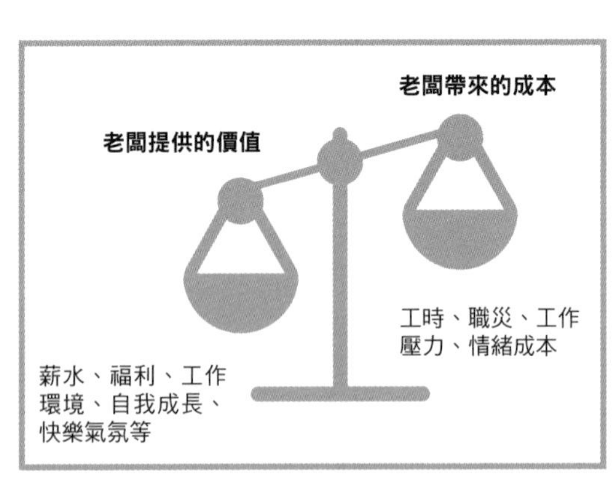

老闆說再多口號，都比不上實際提供給員工的價值。

這個看似不太講究的動作，卻成了不少客人願意來用餐的原因之一，因爲他讓所有的客人都看見，客人吃下肚的每樣東西，也都一一進了老闆的肚子裡，這正代表著，這些食材及油鹽不可能太差。要知道，黑心油的老闆可不敢吃自家油，也有不少做餐飲賣飲料的店家，老闆根本不吃自家的產品。

對於餐飲業而言，最重要的莫過於服務與食物，服務仰賴員工的心情，而再多的管理心法及激勵口號，其實都比不上員工實際得到的福利。食物則至少要好到老闆敢吃又愛吃，而老闆及員工在店內大嗑店內美食，就成了食物的最佳代言人。

人們喜歡依自己的感覺來消費及做事

就像小時候念書一樣，如果我們是被動的被老師家長要求念書，那麼學習意願一定不高，就算念了，也一定是囫圇吞棗。反之，如果是自己主動自發性學習，那學習效果一定更好，收穫一定更多。主動是做自己的主人，被動是配合著他人，一個是快樂的動作，一個是無奈的行動。

卡內基曾說：「沒人喜歡被賣東西、或被要求做某事的感覺，我們喜歡感覺

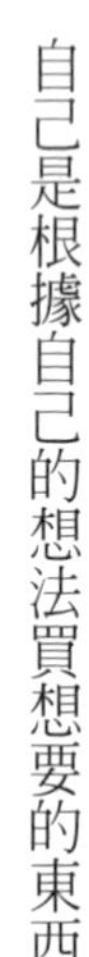

自己是根據自己的想法買想要的東西。」

在網路經濟的時代，資訊的流通越來越透明，無論是消費者還是員工也越來越聰明，也越來越懂得從細節中，看出一家店及一個老闆的價值。

正因爲如此，很多時候，與其用言語及口號來行銷包裝企業價值，不如直接用行動及付出，提供人們一個可以自己主動觀察及思考的機會，反而更具說服力。

超越表象的思維，創造大利多

自己敢吃的東西才賣，自己想用的東西才推，想讓別人願意買單，一定要拿出自己也想要的東西。因為只要是人，都喜歡自己主動作決定的感覺，而不喜歡被動被別人要求。

身為老闆，想讓別人更心甘情願的為你打拚，比起出一張嘴說些好聽話，不如拿出實質的誠意，因為無論是當老闆還是當員工的，其實都會給彼此打分數，所以要懂得換個位置思考一下，別人真正想要的到底是什麼。

第二篇
換個腦，面對同一客戶
能創造更大的利潤

成也鄉民，敗也鄉民！是香鍋就不怕臭名

有一家自有品牌的火鍋店，由於不是加盟，因此從店內的裝潢、擺盤、動線到食材的選擇，都是老闆說了算。自有品牌的好處，就是不用付加盟金，店的營業利潤還不用分給總公司，但最大的缺點，就是一切都得自己來，而老闆的經營智慧，往往就決定了這家店最終的成敗。

開門做生意，就是要賺錢，因此爲了降低成本，老闆使用的肉品、火鍋料、蔬菜都不是太高檔，整家店就是裝潢一般般，服務一般般，食物一般般，生意當然也就一般般了。

「一定是知名度不夠，廣告行銷沒做好！」

老闆並不認爲自己的食物及服務不到位，反而認爲一家店生意好不好，最重要的就是店的「知名度」夠不夠，在這個人手一機，網路帶著走的時代，網路行銷、廣告很重要，只要能把行銷搞定，店裡的生意一定會好起來。

坐而言不如起而行，於是老闆立刻行動，花了很多的時間及資源，去找人設計一個美輪美奐的網頁，再找行銷公司作SEO關鍵字行銷，要求員工協助經營粉絲專頁，再找人挨家挨戶的去發傳單，辦些優惠活動。

有耕耘總會有收穫，藉由這些行銷資源及廣告挹注，這家店有更多的機會被消費者看見了，而且還在一個契機下，終於有「知名度」了。

成也鄉民，敗也鄉民

自從開始廣告行銷，設立粉絲頁之後，漸漸地有鄉民會在網路上對這家店品頭論足，不少來用過餐的顧客也會在官網及粉絲頁上留下評價，當然，網路的世界總少不了一些負評。

「肉不太新鮮、我吃完回去跑廁所狂拉……」

「店內環境不太好，建議店家多重視衛生。」

「服務態度不太好，老闆跟員工都沒有服務熱忱。」

「食材一般般，湯頭一般般，不推。」

「一樣的價格，建議可以去吃別家，不優。」

有負評本來就很正常，完全沒負評的店家反而奇怪。然而，偏偏火鍋店老闆不太能接受負評，一看到就立刻跳腳，大發雷霆。

老闆說：「這些酸民不懂創業的辛苦，只會在網路上說些不負責任的話，造成社會亂象，一定要遏止這股歪風。」於是，爲了出這一口鳥氣，也爲了糾正錯誤，以正視聽，老闆決定找律師興訟，對這些留負評的網友提告。

有趣的是，不告還好，本來沒什麼人留意到這些負評，但這一告，反而讓不少鄰里跟鄉民認識了這家店。

「聽說這家火鍋店網路評價不佳，老闆還會告人！」

「聽說這家店不太好吃，不少網友留了負評。」

「聽說這家店的老闆正在打官司，要告不喜歡這家店的網友。」

正所謂好事不出門，壞事傳千里，這些負面留言蔓延的速度，遠遠比起老老實實作行銷來得快多了。最後，這家店紅了，老闆達到了他想要「知名度」的初衷。問題是，這知名度可不是什麼好名聲，反而比較接近臭名，火鍋店的生意越來越慘澹，沒多久，老闆只能無奈的宣布收攤。

知名度的「向度」與「量度」

什麼是知名度？事實上並不容易明確定義，知名度一定都是好的嗎？

一般而言，我們可將知名度分爲兩個構面，一個是「向度」，一個是「量度」。「向度」指的是形象的方向，究竟是正面還是負面，而「量度」指的是有多少人知道，但就算知道，其實也不一定能帶來利益。

知名度高不一定是好事。舉例來說，如果有個人跑到立法院裸奔，上了社會新聞，大家都認識他，他就有了知名度，這就有了「量度」。問題是這可能是負面的知名度，一點都不光彩，因爲方向歪了，也就是搞錯「向度」的方向，對個人的名聲而言，還眞不是件好事。

知名度、行銷跟廣告這種東西，其實就像是去大肆散播一鍋火鍋的味道那

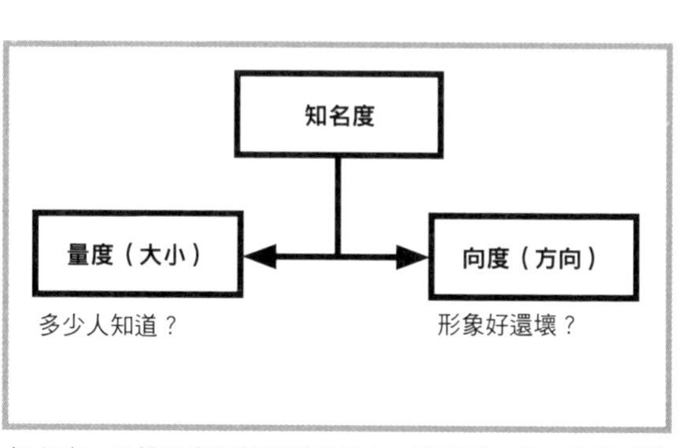

知名度、行銷跟廣告其實就像是去大肆散播一鍋火鍋的味道般，如果這火鍋本身香得讓人垂涎就沒問題，但若是味道太臭，你還去煽風讓味道遠傳，那就是在讓更多人知道，原來是鍋臭鍋。

樣。如果這火鍋本身香味迷人還沒問題，但如果是鍋臭鍋，你還去煽風讓味道遠傳，那只是讓更多人知道，原來這是一鍋臭鍋。

拿破侖曾說：「顯赫的名聲是一種巨大的音響，其音越高，其響越遠。」知名度不單單指吸引力，有時候也可能成爲殺傷力，只要方向錯了，那麼知名度越高，名聲就越臭。

要大打知名度前得先想一想，這是不是一鍋臭鍋？

超越表象的思維，創造大利多

不少人誤會了知名度的意義，認為只要紅了就成功，其實有知名度不一定是好事，重要的是要有好的知名度，如果方向歪了，那就不是什麼好名聲，而是臭名遠播。

打算用力大打廣告之前，請記得先好好衡量一下自己的實力，是否已經禁得起考驗，真的夠水準了再來用力行銷，否則可能反而洩漏了自己的缺點及馬腳，賠了夫人又折兵，那就得不償失了。

推銷還是行銷，供給者和需求者看法大不同

「你好，九五加滿，謝謝。」

車子又快沒油了，一日來到一家加油站準備加油：熄火、油槍插入加油孔後，我就開始發呆等油加滿。

這段空檔的時間，忽然從旁邊插進來一位看起像工讀生的加油站員工，面無表情的就開始推銷他們的油精。

「大哥你好，要不要順便加一罐油精？可以改善你車子的油耗及性能，這是一個大品牌的油精，現在加油加購只要……」

「你好，不用喔，謝謝。」一來我不喜歡被推銷，二來因爲對車子不專精，所以都是沒油加油，里程數到了就送保養，交給熟識的店家全權打理，因此也不想在其他地方花太多工夫，就很客氣的婉拒了。

「拜託啦，幫忙一下啦，做個業績啦。」

我已經委婉地拒絕了，這個工讀生仍然不離開，繼續推銷油精。糟的是他的推銷方式並不說明油精的好處，只是單純要求我消費，更詭譎的，他還明顯露出不悅的表情，口氣也不太好。

「眞的不用，謝謝。」我只好再次客氣的拒絕。

消費者兩度婉拒，應該已清楚表達了，但他竟然還是不離開，臉還越來越臭，口氣越來越差的繼續說：「幫忙做個業績啦！」

「眞的不用。」這次，我連謝謝都省了，因爲被強迫推銷眞的令人不舒服，禁不住的激起我小小的負面情緒了。

看起來，這筆生意是做不成了，於是這位工讀生二話不說，很不爽的斜眼瞄了我一眼後就離開了，嘴巴上還唸唸有詞地似乎在碎罵些什麼……

強迫工讀生變推銷員，眞的能創造高業績嗎？

這是什麼情況？爲什麼我這樣堂堂正正的消費者，也沒有做出什麼奧客行爲，卻搞得倒像是我欠他一樣。雖然顧客絕對不是永遠最大，但應該也沒義務看店家的臉色吧？

原來，這家加油站的管理階層，一直要求員工去「推銷」油精，甚至訂出業績表，讓員工備感壓力，只要有車子進來加油，員工都被要求大力推銷油精。雖然我不確定工讀生要是賣不出去就沒有額外的獎金，還是必須扣薪水，但可以肯定一定給了不少的「推銷」壓力，才衍生出這段不愉快的插曲。

話說，假設加油站的最終目標，是創造最大的營業額及獲利，那這眞的是一個良方嗎？強迫每一個員工都背上「推銷」壓力，最後員工的壓力越來越大，服務的態度也越來越差，不知不覺中也帶給消費者非常不愉快的消費體驗，以結果來看，加油站的獲利眞的能提升嗎？

其他人我是不知道，但我下次不會再光顧這家加油站了，壓力太大了。

「推銷」和「行銷」的思考角度並不一樣

商業行為隨著社會、經濟、市場的演化一直在改變，可概分為生產導向、產品導向、推銷導向、行銷導向。

早在工業革命之前，是市場的「需求大於供給」，因此只要能把產品製造出來，就一定會有人買單，這是一個「生產」導向的時代，重點在於努力的把產品製造出來就好。

隨著工業革命產能大幅提升之後，漸漸的「供需平衡」，各種產品之間開始有了競爭，此時的重點在於提升產品品質，進入到「產品」導向時代，產品不只要做出來，還要顧好產品的品質才會有競爭力。

慢慢的，供給越來越多後，市場上開始「供過於求」，此時的重點就是想辦法把產品賣出去了，於是各種推銷手法推陳出新，進入「推銷」導向的時代。然而有時候，就算能成功把產品推銷出去，卻不一定能帶來太好的消費者滿意度，願意回購的忠誠消費者建立不易。

生產導向	產品導向	推銷導向	行銷導向
需求大於供給	供需平衡	供過於求	消費者越來越聰明

「推銷」是站在供給者的角度思考，想著要如何裝滿老闆自己的口袋。
「行銷」是站在需求者的角度思考，想著要如何讓顧客自願掏錢出來。

隨著消費者越來越聰明，不再被輕易推銷後，就進入「行銷」導向的時代，企業要學會站在消費者的立場，提供消費者眞正願意買單的東西，讓消費者打從心底願意眞正的捧場，這就是行銷的思維。

「推銷」是站在供給者的角度思考，想著要如何裝滿老闆自己的口袋。「行銷」是站在需求者的角度思考，想著要如何讓顧客自願掏錢出來。

一樣是把東西賣出去，一個是惹人厭惡的，一個卻是讓人歡喜的，在這個人們越來越聰明的時代，別老是想著要「推銷」，該學會聰明一點的「行銷」，不然就會像這個加油站一樣，推銷不成反而流失了忠實顧客。

超越表象的思維，創造大利多

說到「把東西賣出去」，每個時代的思維大不同，如果我們的東西很搶手，沒有

競爭者，市場需求大於供給時，當然可以很大牌的等著消費者來搶購，然而事實上這種情況通常並不存在。也因此我們必須主動去「推銷」或「行銷」，而這兩種賣東西的思維卻是大不相同，推銷者考慮到的只有自己的需求，行銷者則懂得換位思考，試著想想消費者的需要，而這就決定了最終的消費體驗。

自以為是的高談闊論，看在別人眼裡你可能不太高明

一家有著吧檯座位的日本料理店，身兼主廚的老闆，是個對食材極其講究的人，每天天還沒亮，都會先到漁港和批發市場採買最新鮮的食材，以作爲當日的主廚菜單，這是因爲食材的新鮮度正是維持餐廳好名聲的關鍵。

當然爲了營運的便利性，這家日本料理店除了老闆親自到產地現購最新鮮的食材之外，也配合幾家生鮮食材供應商，以取得非產季不容易當日買到的其他必要食材。

有一天，一家往來的生鮮食材供應商的業務來到店裡拜訪，希望料理店的老闆能多多關照自家公司的生意。這次一共來了兩個人，其中一個看起來是比較資深的前輩，自信又多話，另外一個像是後進的新人，比起前輩言談舉止相對低調許多。

與其做出丑角似的演出，還不如多傾聽

「嘿！老闆，我上次提供的那些高檔魚貨使用得如何了？我們公司向來都是跟大飯店做生意的，食材都有經過檢驗，是最新鮮最高級的食材，像上次那個烏仔魚啊……」

這位看起來較資深的前輩，在吧檯的位置一坐下就自信的劈哩啪啦說了一堆，不只大肆吹噓了自家產品，更是使盡全力地賣弄自己的好口才，旁邊的後進則安靜地默默聽著。老闆也禮貌性的聽著，並適時的微笑點頭回應。

寒暄一陣子之後，這位前輩業務看到自家的後進晚輩，怎麼老是寡言木訥，沒辦法像他一樣好好的跟老闆推銷公司產品，實在是看不下去，於是提出了一個頗有創意的要求。

「老闆啊，這小伙子是我公司新人，但我總覺得他太寡言了，需要多提攜，不如，您就讓他練習一下，假裝是他一個人前來，讓他學著怎麼做生意如何？」

「可以啊。」雖然這個提議實在莫名其妙，但老闆還是禮貌性的應和。

於是乎這個奇怪的小劇場就開始了。那位後進臉上難掩小尷尬，但又騎虎難下，只能配合著演出說：「老闆，最近哪些魚賣比較好啊？」

「你不能這樣說，要懂得自己觀察，來！我教你，要先看看店內的菜單設計，看看牆上的促銷產品，看看鄰桌客人點的菜，再依此對症下藥問問題，來，再試試！」這位前輩不等後進說完，就立刻搶著發表高見。

「喔，那，老闆，你們店外的立架上有在促銷黃魚，是否黃魚在這裡比較多人點。」後進略顯遲疑的問。

「不對，不對，那是因為黃魚是我們公司所提供，品質良好啦，哈哈哈哈。」這位前輩也不等老闆回覆，自顧自的大笑起來。

這樣詭異的小劇場，很「不流暢」的進行了一陣子，整個場面只有前輩自己一個人樂在其中，覺得是在給後輩上一堂別開生面的行銷課。

好不容易，前輩的電話響了。「喔，不好意思，老闆找我，你們先練習，我跟我老闆講完電話就回來。」前輩接起了電話，走了出去。

有趣的是，原先只有微笑卻不太搭話的日本料理店老闆，此時卻笑著對後進說：「辛苦了！」然後兩人就聊開了，當季什麼食材最新鮮、目前什麼產品最好賣、寄送什麼訂量最適當……從食材、經營到訂單無所不談，而且這位後進對自家

產品的知識顯然比前輩更豐富，只是當愛搶話的前輩在場時，沒有舞台罷了。

當前輩講完電話回到店內後，場面立刻又成了前輩的個人脫口秀了……

刷存在感的硬講話，只會凸顯自己的虛弱

不少的組織裡都存在著一種人，他們總是深怕聚光燈不在自己身上，習慣性的搶話求表現，經常像機關槍一樣喋喋不休，甚至老愛要求別人按照他們的節奏做事。通常，這種人不但不會太高明，而且還會剝奪組織其他人的可能性。

在現今資訊爆炸的年代，越聰明的人反而越懂得「說話只說重點」，這是因爲人們的注意力及記憶力都很有限，越不聰明的人，就越容易自以爲是的發表一堆蠢知識，浪費他人的精神及時間。

所以想要尋找生意上的合作對象，合作對象的話不一

多聽	多話
謹言慎行，重視傾聽 懂的比說的多 能力好的人反而保守寡言	喋喋不休，言多必失 通常懂的不多 能力越差的人容易有越多高見

定要多，但最好要能快速抓到重點，不然勢必得花上大量的時間及精神，去消化很多沒重點的對話。

而作爲一名優秀的業務員，必須「聽的永遠比說的更多」，因爲客戶的想法及需求，才是成交與否的關鍵。一個好的導師，不會一直叨唸地告訴學生該怎麼做，而是給予獨立思考的機會，因爲只有透過自己思考得出的答案，才能內化成爲一個人的血肉。

超越表象的思維，創造大利多

法國思想家盧梭曾說：「懂不多的人往往話多，而淵博者則寡言。」很多時候，能力越差的人反而有越多高見，一直在搶鏡頭，而能力好的人卻反而保守寡言。小心，當一個人常常自以為是的高談闊論時，別人眼中的你，可能不是太高明。

狩獵與畜牧之別，你想要短期獲利，還是長期圈養？

曾經參加一個促銷的旅遊團，跟團到日本觀光，因爲價格便宜，出發前的表定行程不太高檔，從飯店、餐廳到景點的安排相對陽春不少，便宜嘛。

來到機場接待大家的，是一位年逾六十，卻充滿朝氣的導遊，雖然有點年紀了，仍然中氣十足地招呼所有團員。

「來來來～鄉親們聽過來，雖然我們是促銷團，但我在日本服務超過三十年，一定加碼讓你們有不輸給貴鬆鬆團的品質，好不好？」一見面，這位導遊就用台語跟大家好好的吹噓了一番。

「我請大家玩雪、騎雪上摩托車、香蕉船。」

「我幫大家的飯店升級，統統改住高樓層。」

「我請大家吃在地的大蘋果、名店泡芙、冰淇淋。」

「原本行程少沒關係，我贈送大家景點和行程。」

「想購物買東西的，我帶大家到Outlet和在地人才知道的超便宜市集。」吹牛不用錢，能兌現才算數，團員們雖然不一定盡信，但也隨口叫好，幾位有做功課的團員，則拿出手機上網比對，導遊所喊出的這些加碼，似乎是高團費的團才有的行程。

這眞的可能嗎？也太可疑了吧？正所謂羊毛出在羊身上，天下沒有白吃的午餐，因爲依照過去自己及朋友的經驗，只要是跟團出國，導遊多少都會安排一些自己有賺頭的購物行程，還會有固定合作的幾個店家，而觀光客被商家當肥羊宰的新聞，更是屢見不鮮，因此對於導遊的信口開河，我並不存有太高的期望，就暫時先觀望吧。

超値加碼，促銷團扶搖成高價團

然而，隨著行程一天天的走，導遊所承諾的加碼方案不但一一兌現，還額外加了不少好康，行程中難免會有以觀光客爲目標客群的商店，這位導遊不但不鼓勵消費，反而私底下熱心的提醒大家。

「這邊是宰觀光客的地方，請大家忍耐再忍耐，我會再帶大家到便宜又好買的地方逛，讓大家買個夠。」

這樣的導遊倒是前所未聞，該不會暗藏什麼陷阱吧？

幸好，隨著行程一站一站跑，承諾也一一兌現，甚至晚上的自由活動時間，導遊也不吝嗇的帶團員們去參觀表定行程外的當地私房景點。

這位導遊自己有在經銷土產及保養品，一路上就免費請大家試吃及試用，只告訴團員們說：「絕對比市面上便宜，買十再送一，有喜歡最後一天再填單購買就好，不勉強。」熱心的團員們也上網好好比價了一番，確實優惠不少。

到了旅程的最後一天，全團無不對這次的旅程感到盡興，對這位導遊更是讚譽有加，人是情感的動物，爲了感謝導遊幫大家加碼行程，又幫大家的荷包省下不少錢，加上導遊經銷的商品還眞的不錯，每位團員無不熱情的捧場這位導遊的私家生意。

我掐指一算，依導遊深耕日本觀光三十多年的資歷，加碼這些行程及請大家吃土產，成本肯定不會太高，但他卻慷慨奉送，加值了整趟旅程的滿意度，讓大家玩得開心，吃得開心，買得開心，最終還讓團員們省下的荷包錢，再一一回饋到他的身上。

三十多年的導遊工作，雖沒讓他成爲富翁，但也讓他在台灣買了不少房產。

情感經濟時代，高明的促銷手法是狩獵型還是畜牧型？

一樣是導遊工作，有人選擇痛宰觀光客，有人選擇爲觀光客省下更多的錢。

亞馬遜的創辦人貝佐斯曾說：「商業分兩種，努力從客戶身上拿更多錢，或努力拿更少，而我們致力於後者。」

這個所謂的拿更少，可不是放棄企業的獲利，而是在能提供相同價值的前提下，幫顧客省下更多的錢，或是在顧客預算固定的情況下，幫助顧客拿到更多的價值。而這可能比只想從客戶身上賺更多的思維，更具長期獲利性。

有些商家做生意像狩獵，將重心放在如何把商品賣得更貴，如何憑藉三寸不爛之舌，讓顧客掏出更多的錢，甚至爲了賺錢，因而引發消費糾紛，長期而言，對於大環境反而是扣分的。

另一種商家做生意像畜牧，將重心放在如何讓牧場中的顧客買得開心，買得

更實惠，買得更有價值，而這不但可能有較高的顧客滿意度，長期而言更可能獲利更多。

狩獵還是畜牧？拿更多或更少？並沒有標準答案，卻考驗著生意人的經營智慧。

超越表象的思維，創造大利多

過去人們在談行銷時，總是討論著該如何提升「市占率」，這是一個希望可以「狩獵」到更多顧客的觀念，然而事實上在情感經濟的時代，我們更應該談的是「心占率」，心占率討論的就是個人占有率了，如何去畜牧我們的老顧客，讓他們為我們帶來更大的利潤。

在現今情感經濟的時代，與其思考著如何狩獵，不如好好思考如何來畜牧。

	狩獵	畜牧
商業思維	把商品賣得更貴， 讓顧客掏出更多錢	幫顧客省下更多錢，或提升更多價值
顧客類型	一次性顧客	忠誠型顧客
消費滿意度	消費者滿意度不重要	消費者滿意度很重要

掛羊頭賣牛肉的攬客對策，成功降低隱藏成本

有一家情趣用品店，位在人潮及車潮不斷的馬路旁，若依照一般選擇開店的地點評估原則，這是一個還不錯的「黃金店面」。店租當然不便宜囉，但爲了能把生意做好做大，一個顯眼、體面、空間又夠大的店面，相對需付出一定成本，是很合理的投資。

像這樣的黃金店面，理應有不錯的營業額才對。然而事實上，這家情趣用品店的生意卻一直好不起來，駐足而入的客人總是不太多。從店內的裝潢和產品貨色齊全可以看出老闆的野心不小，不只如此還很用心的做足功課，引進不少新玩意。但爲什麼他的生意就是好不起來？

一位朋友告訴了老闆一個關鍵要素，因爲他的店是所謂的「黃金店面」，人潮及車潮都太多了，反而讓人不好意思大方的走進去。

「愛情動作片」「情趣用品」隱藏著害羞成本

類似的情況，其實也曾出現在「愛情動作片」的市場上。

位於台北市的「光華數位新天地」商場大樓，興建於二〇〇八年，是數位產品的重鎮，而這棟大樓興建之前的「舊光華商場」，是由光華陸橋下的攤商及周邊的商店結合成的資訊產品商圈。

當年光華商場主要除了賣電子用品外，還聚集了不少二手書攤、音樂卡帶、收藏古玩等店家，甚至連十八禁的「愛情動作片」，都有爲數不少的攤商在展售。那時候有個有趣的現象，就是位於人潮路線最多的店面，駐足選購「愛情動作片」的顧客少，而位在地下室邊邊角落賣「愛情動作片」的邊陲攤位，反而容易聚集留步的顧客。爲什麼？可不是因爲老闆經營有方或是商品齊全，而是因爲對顧客而言，那些邊陲店面逛起來更自在。

在行銷的範疇中，通常一樣商品顧客買不買單，可以從兩個方向來衡量，一個是顧客得到的「利益」，一個是顧客付出的「成本」，我們可以試著想像用一個天秤，一邊放上顧客利益，一邊擺上顧客成本，利益通常包括了產品、服務及形象利益等，而成本通常指金錢、時間及精神成本等。

「顧客利益」及「顧客成本」兩相抵銷之後，當利益大於成本時，顧客就越可能買單，反之，如果最終的顧客成本大於利益時，顧客通常就不太會買單。因此一項產品要能賣，至少帶給顧客的好處，要大於顧客所付出的成本，這也是商品實際上所創造的最終價值，也大致決定了顧客買單與否的意願度。

但像「情趣用品」或是「愛情動作片」這類產品，除了這些常見的成本外，其中還有一樣特別的隱藏成本，這個成本就叫作「害羞成本」。就算合情合理合法，人們在進行這些消費時，仍然會感到害羞，希望能有個保有隱私、便利、不用拋頭露面的購物環境。這種情況下，「黃金店面」就成了大幅提高「害羞成本」的原囚。

然而店面已承租，高額的裝潢費也砸下去了，該怎麼辦？

掛羊頭賣牛肉

當然，在這個網路發達的時代，提供一個安全又隱蔽的網路選購是個好方

法，但對這家店來說，如何做才能消彌浪費在「黃金店面」上的損失呢？畢竟店租、裝潢、人事成本都砸下去了，總不能花了大筆的店面成本，最終卻成了個網路賣家吧？

最後老闆想到了個好方法，成功降低了害羞成本，又不損害黃金店面的價值。

老闆將這家店從純粹的情趣用品店，改造成「精品店」，在店的門面僅販售服飾、鞋子、配件等精品，再掛上一個大大的時尚招牌，另外在店裡的一個不起眼處，貼上一個小小的情趣用品標誌。

情趣用品的展示區並不設在大門旁，而是改成一入店內需拐個彎才能走到的專區。從此顧客就能大大方方的走進店內，假裝逛一下精品，再伺機走到隱蔽的情趣用品區，選購合意的商品。改變行銷戰略

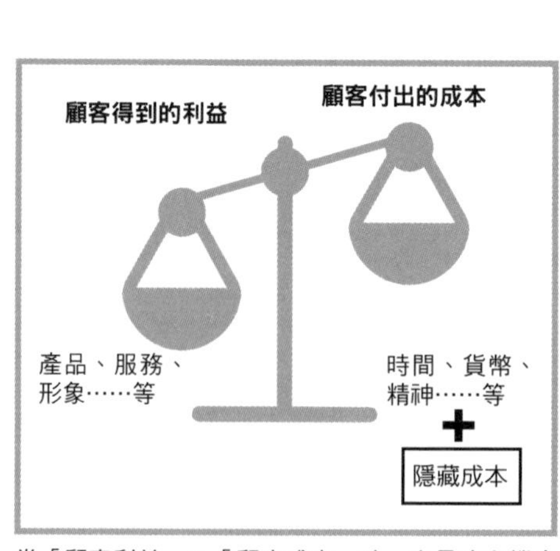

當「顧客利益」>「顧客成本」時，交易才有機會發生，但可能有隱藏成本。

之後，這家情趣用品店的銷售額漸入佳境，還附帶多賺了精品的銷售額。

誰說不能掛羊頭賣牛肉?如果掛上羊頭，能有效降低隱藏的害羞成本，讓顧客無負擔的上門選購，有何不可呢?

沒有絕對的黃金店面，也沒有一體適用的店面法則，了解顧客介意的「成本」，創造顧客最多的「利益」，才能找到最好的店面策略。

超越表象的思維，創造大利多

黃金店面不是一個絕對的概念，如果開店老闆的腦袋不懂得變通，條件再好的店面都不能發揮他的價值，最終黃金店面也是會關門大吉。

懂得看出各行各業不同的經營眉角，以及不同消費目的的顧客可能產生的隱藏成本，就有可能創造出黃金銷售額。

討好奧客只是傷了情緒成本，耗損員工和顧客的忠誠

一家生意不錯的蛋糕店，老闆是學餐飲的，所以也接受客製化的蛋糕訂單，由於品質不錯，加上客製化的創意取勝，一直是客人辦慶生活動時的好選擇。但夜路走多了一定會碰到鬼，店開久了難免會遇到奧客。

一日早上，來了一位客人，想要訂製四個蛋糕，希望在蛋糕上添置公司LOGO及祝福語，以作爲辦公室活動用。另外這位客人還要求給個優惠折扣，而且很不客氣的跟店員說：「喂，我一次訂四個，你們服務也沒有多好，應該要便宜一點吧？」

只是這家蛋糕店，本來就採不二價，以確保每一個蛋糕的品質及利潤能夠兼顧，因此，即使客人盧了半天，店員仍以店家規定爲由，婉拒了他的殺價。

殺價不成，這位客人只好先接受報價，並說好傍晚時會來取件。然而，一直到了店家快關門前，客人才回到店裡，卻又再次提出殺價要求。

「反正你們都要打烊了，不賣給我你們蛋糕也是沒用，東西及服務也沒多好，算八折！算八折！別再囉嗦！」同時抱怨店員實在有夠難溝通。

呃，這已經算是十足不要臉的奧客了，但他說的也沒錯，不賣給他，蛋糕不就浪費掉了？

但老闆似乎不這麼認爲，他當場就把這些客製化的LOGO拿掉說：「我不賣了！去別的地方買現成的！」

老闆霸氣的拒絕了這筆生意，並表明會將這四個蛋糕送給有需要的人。這位奧客當場傻眼了，也被老闆的舉動給震攝住，不敢再造次，摸摸鼻子就走人了。

以一個生意人來講，老闆這舉動妥當嗎？老闆的回覆卻頗耐人尋味。

「如果我接受了這個殺價的奧客，我怎麼留住其他良善的好客人？」

顧客真正想要的，是一個滿意的解決方案

什麼是「奧客」？指的是濫用權力、提出無理要求及行爲不檢等之劣質顧客，這種顧客通常缺乏同理心，習慣將自己的快樂建築在他人的痛苦上。隨著消費

者意識的抬頭及媒體普及，越來越多的奧客行爲出現在我們的視線範圍內，雖然服務業總是將「顧客永遠是對的」掛在嘴邊，然而這眞的是不可動搖的圭臬嗎？

事實上就有人提出了不同的看法。二〇一〇年，馬修．迪克森（Matthew Dixon）、凱倫．傅利曼（Karen Freeman）及尼古拉斯．托曼（Nicholas Toman）在《哈佛商業評論》中指出，企業不應該過度取悅顧客。研究證明顧客眞正想要的並不是在服務上被取悅，而是希望企業能夠爲顧客的需求，眞正提供一個滿意的解決方案。

如果我們將顧客概分爲兩類，第一類爲忠誠的老顧客，第二類爲隨機消費型顧客，這兩種顧客所重視的點可能有所不同。忠誠

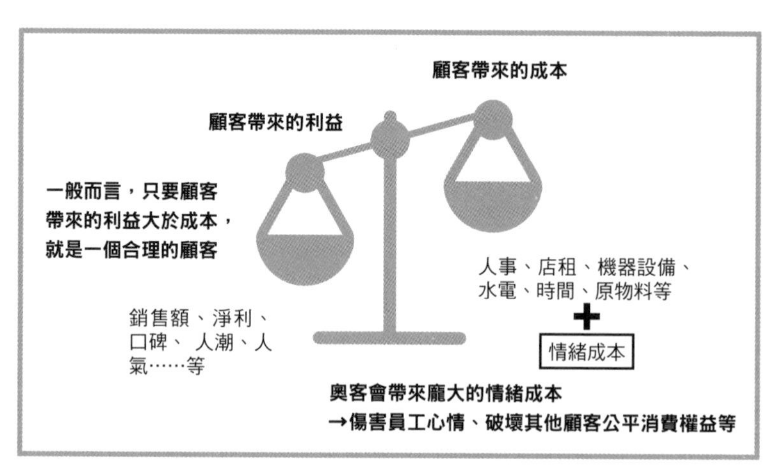

顧客對於企業的支持，多半是建立在品質及品牌價值上，而隨機型的顧客，則較重視服務當下的感受。換言之，在服務時過度討好顧客，只能滿足隨機型顧客當下的感受，但並不容易轉化爲眞正的顧客忠誠度。

我們會去買蘋果的手機，是因爲我們認同他的品牌價值，我們會常去同一家餐廳用餐，通常是因爲喜愛他的味道，服務可能只是附屬的條件。我們會喜歡一個朋友，通常是因爲我們認同這個朋友的爲人，而非他有多麼的會討好人。

越是能爲我們創造利潤的忠誠顧客，就越是看重企業的本質，越是不忠誠的顧客，越喜歡在服務上大作文章，因此對於那些怪獸顧客而言，過度的在服務上討好他們，根本不能換來忠誠，更可能犧牲了其他顧客的權益，對企業主而言，根本不該花太多力氣在討好那些怪獸顧客上。

全盤接受不合理的要求，會同時失去員工及顧客的忠誠

財務報表可以讓我們看見一家公司的各項成本費用，惟獨奧客帶來的情緒成本，無法忠實的反應在財務報表上，但這卻會對企業帶來強大的殺傷力，可說是最

高昂的一種隱藏成本。

那什麼是情緒成本？就蛋糕店的案子來說，是指店員心理上的壓力、委屈及怒氣等負面情緒，打擊到工作士氣，導致整體工作品質受到影響而低落。一個差勁的奧客，不單單會爲工作同仁帶來龐大的情緒成本，更可能同時傷害到其他顧客的權益，形成一種惡性循環，讓企業同時失去了員工及顧客的忠誠。

學校的怪獸家長，會干涉整體的教學品質；醫院的怪獸家屬，會干擾整體的醫療品質，這些看似跟我們無關的怪獸行爲，其實都是在剝奪我們公平的受教權、醫護權及消費權。

不要想追求百分之百的客戶滿意度，因爲企業一定得在顧客滿意度與成本之間，取得一個最適的平衡點，一味迎合顧客的公司可能會倒閉。雖然服務業總是將「顧客永遠是對的」這句話視爲圭臬，然而遇到所謂的奧客時，這句話根本不適用，因爲奧客根本就不是個客！

「愛你的眞誠顧客，挺你的工作同仁，果敢的向奧客說不」，這才是企業的永續之道。

超越表象的思維，創造大利多

顧客永遠是對的，這句話其實只有一個情況下能成立，就是顧客願意付出的，大於他所要求的，也就是他必須是一個願意付出足夠的金錢，去買到對等服務的顧客，此時就算他的要求多一點，仍然會是個好顧客。

然而大部分情況下，會濫用這句話的往往是個奧客，如果老闆順著他們，失去的絕不單單只有該次消費的損失，可能還同時失去了員工及其他消費者的心。

物超所值不只要價格優惠，服務品質也不能打折扣

一家生意相當不錯的手搖杯飲料店，近期將義式濃縮咖啡加入飲單中，希望提高店內飲品的多元性。爲了增加買氣及來客率，促銷期間大杯咖啡一律買一送一，因此吸引了不少來排隊嚐鮮的客人，平常喜歡喝咖啡的我，也不免俗的來湊湊熱鬧。

「您好，由於咖啡機只有一台，可能要等十分鐘喔！」店員親切的告知。既來之則安之，而且十分鐘其實也沒有很久，還可以接受，於是就買單了，等待期間先到附近走走逛逛，想說時間快到時再來拿就好。過了約十分鐘後，再回來店裡時，看到桌上已經放著兩杯做好的咖啡。

「請問這兩杯是我的嗎？」我問。

「不好意思喔，可能要再等等，這兩杯是另一位客人的。」店員說。

原來還沒好，沒關係，但應該也快了吧？於是我就在現場等，看著咖啡以外的飲料一杯一杯的做好，而比我後到的客人也一個一個的拿到飲料走人，原因是出在咖啡機只有一台，因此只要點咖啡的人就是得多等一會兒，於是就這樣又過了十來分鐘。

叫你們老闆出來！

此時，傳來另一位客人不耐煩的碎唸聲：「喂，我的咖啡好了嗎？我已經等了快半個小時了。」

「不好意思，快好了，剛剛有跟您說過要等十分鐘。」

「什麼十分鐘，我已經等快半小時了！我看你們都在忙著做別人的飲料，你們不是應該先做我的咖啡嗎？」這位客人很不開心的唸個不停。

「那你還要不要？」一位年輕的女工讀生隨口反問，意思是如果客人不願意等，可以提供退款的服務。

「碰！」忽然一聲巨響，驚動了在場所有人，原來是這位客人的理智線斷裂，用力的拍打櫃台並怒斥：

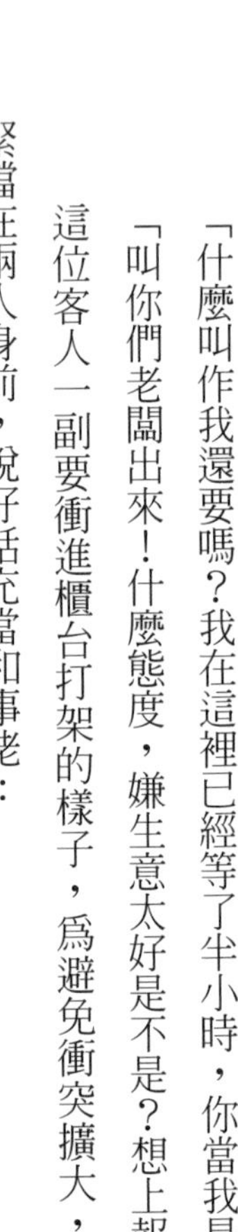

「什麼叫作我還要嗎？我在這裡已經等了半小時，你當我是乞丐嗎？」

「叫你們老闆出來！什麼態度，嫌生意太好是不是？想上報是不是？」

這位客人一副要衝進櫃台打架的樣子，爲避免衝突擴大，旁邊的工作人員趕緊擋在兩人身前，說好話充當和事佬：

「她不是這個意思，是怕耽誤到客人您寶貴的時間。」

「因爲咖啡機只有一台，眞的不是先做別人的。」

恰好，這位客人所點的咖啡是下一組，另一位工讀生趕快裝好杯，交給這位暴衝的客人，頻頻向這位客人致歉之後，客人才邊走邊罵悻悻然離去。

我的拿鐵咖啡，就排在這位暴衝的客人之後，看了一下時間，本來說要等十分鐘的咖啡，其實已足足等了半小時才拿到。

顧客的期待值高於店家所給予的，自然會引發負評

我們不用花時間討論這位客人的行爲到底對不對，因爲根本不用討論，情緒輕易的失控，還挑打工的小女生發作本來就不對，但在這次的事件衝突中，店家或

許難辭其咎。

每一次的消費，消費者通常都會對產品存有一個「期望值」，這個期望值可能包括了服務、品質、價格、等候時間等，而當最終所得到的大於這個「期望值」時，就會讓人覺得物超所值，反之，如果最終所得到的小於這個「期望值」時，就會讓人大失所望。

因此當店家告知十分鐘的等候時間，就爲客人訂下了一個等十分鐘的「期望值」，於是當最後要三十分鐘才能拿到時，就會讓每一個等候的客人，最終的感受遠遠低於當初的「期望值」。

奧客大致分幾種，一種是認爲付錢就是大爺的「情緒索求型」，喜歡在言語及行爲上貶低他人，花一點錢就想享受不合理的虛榮心。一種是喜歡占人便宜的「物質貪婪型」，能貪能拿的絕不放過，不能拿的也要想辦法A。

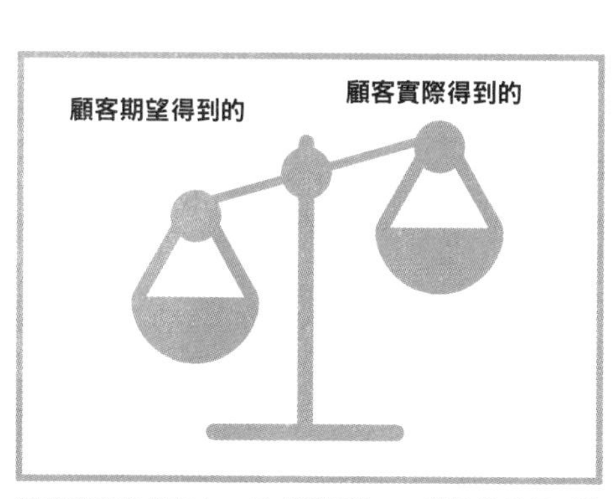

消費者對產品存有一個「期望值」，當最終所得到的大於這個「期望值」時，就會感覺物超所值；反之，最終得到的小於「期望值」時，就會大失所望。

還有一種類型，是平常不太顯露情緒的「炸彈引爆型」，這類人不太會做出奧客行爲，但因爲個性容易被激怒，所以會被一些事件引爆情緒，就像前述的暴衝客人。

服務及品質的好壞，有時候是很主觀的，店家只能盡量去做好，然而像等候時間這種東西，就應該是店家要盡量掌握的部分了，不然就只是在玩火自焚，引爆第三種類型的麻煩客人。

雖然身爲店家，總是希望消費者對自己的產品有「高期望值」，這樣才會更願意來消費，然而當差距過大時，可能反而會帶來麻煩。小心，別讓顧客對你的期望，高出你所能給予的太多了。

超越表象的思維，創造大利多

聰明的生意，最好能提出吸引消費者的玩意，並讓他們對於這筆消費產生一些「期望值」，然而如果這個期望值過高，甚至高出店家能做到的部分，那可能就不是

一件好事了。

因為人們對於好的體驗不一定會記得住，但對於壞體驗往往印象深刻，所以當「顧客期望值」產生了顯著落差時，顧客的感受往往特別強烈，而這對於店家的長期獲利來看，絕非好事。

狙擊式提供精準的資訊，才能有效培養客戶忠誠度

「北市靜巷捷運宅，建坪二十坪總價○○○○萬，請預約林××」
「北市靜巷捷運宅，建坪二十坪總價○○○○萬，請預約陳××」
「北市靜巷捷運宅，建坪二十坪總價○○○○萬，請預約黃××」

這不是跳針，而是幾乎每天都可能收到的手機簡訊，有趣的是，都來自於同一家房仲公司，卻發自不同的房仲業務，有時候一天甚至可以收到超過五封。問題是，這些業務我都不認識，也從來沒有主動要求他們提供資訊過。

相信不少人都曾遇過類似情況，其實我並不討厭看房市訊息，然而他們丟過來的往往是罐頭資訊，沒有差異化及客製化，幾乎完全雷同，根本無法打動我，讓我想深入了解。

「您好，這裡是××房屋，想介紹您一間二樓的社區大樓……」

這是另一家房仲，偶爾會這樣來電，一樣是因爲曾經留過資料而做例行追蹤。不管是傳簡訊或是打電話，這些房仲業務拋出來的物件，都只是他們手上想賣出去的物件，至於顧客想買什麼樣的房子，對哪個地點感興趣，似乎都不是他們所關心的。

通常接到這類電話，我都會客氣的告知，目前沒有購屋計畫，希望不要再來電提供相關資訊，然而就算電話那頭的房仲朋友不打了，還是會有同公司的下一位再打來，推出一樣的物件。這很顯然是因爲你曾經留過資料，個資就成了該公司每個人都能隨便使用的資料庫。

疲勞轟炸對別人沒用的資訊，再多都不會中

其實我還眞的有不少從事房仲業的朋友，而且很喜歡找他們聊天，更喜歡聽他們分享房市的相關訊息。問題是，素未謀面，卻幾乎每天收到陌生廣告信，或是偶爾正在開工、開會、開車時，接到亂槍打鳥式的電話推銷，多少還是會有些困擾，畢竟那些訊息對我而言毫無意義。

一位在房仲業經營多年，也成交不少好案子的房仲朋友，曾與我分享他的筆記本，原來他會將他帶看過的顧客、聊過天的朋友，把他們對於房子的觀點、需求及眉角，都鉅細靡遺的記錄在筆記上。喜歡一樓還是頂加？喜歡舊公寓還是社區大樓？喜歡鬧區還郊區？是小家庭還是三代同堂？對於風水格局，有哪些特別的講究及忌諱？

筆記本密密痲痲的資訊，記下每一位顧客及朋友的特徵，換言之，他從來不提供不對的物件給不對的人，自己扮演顧客的第一個把關人，提供一個「客製化」的有效提案，節省買賣雙方不少時間。因此只要有機會，不少朋友都喜歡主動引薦生意給他。

當然我們可以理解一個在事業上有衝勁的人，會想要把握每一個可能促成的機會，但亂槍打鳥，卻可能適得其反。因爲就算是再好的房市訊息，如果無法正確的送到好的買家及賣家手上，一樣形同垃圾資訊。

了解和提供顧客想要的資訊，才能有效推銷

這讓我想到在學生時代很喜歡玩的一款線上射擊遊戲《Counter Strike》，這是一款以恐怖分子與反恐小組對決的第一人稱團隊射擊遊戲。遊戲中有許多不同特性的武器可供玩家選擇，從小型手槍、手榴彈、機關槍、散彈槍到狙擊槍，都可在這款遊戲中取得並使用。

當中，散彈槍與狙擊槍就是截然不同的兩種武器，散彈槍需要近距離才能發揮作用，如果目標太遠，就算有機會掃到敵人，也難以產生致命的殺傷力，反之，狙擊槍雖然子彈少，每一發擊出的延遲時間

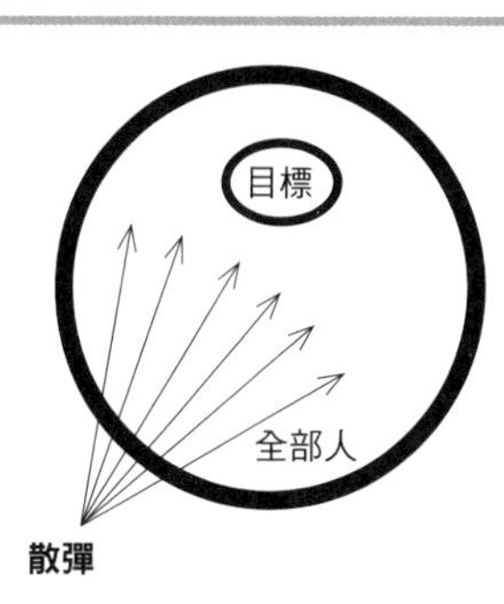

過去資訊有限，可以用散彈亂槍打鳥一番，有機會會打中目標。

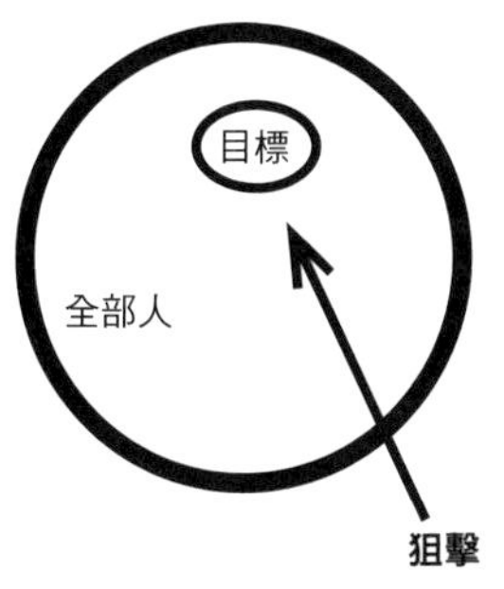

資訊爆炸的時代，人們更加厭惡不感興趣的訊息，所以要用狙擊的方式瞄準目標。

又久，但射程長，且只要能有效命中，就能發揮顯著的殺傷力。

過去在網路尚未普及的時代，每個人取得資訊的方式有限，因此我們可以用散彈來亂槍打鳥一番，就有機會打中目標。所以電視廣告，廣播、夾報傳單到路邊電線桿的海報，都是當時很普及的廣告方式。

然而，這是一個資訊爆炸的時代，每個人一天被動接收到的訊息，比起十年前不知道翻了幾番，也因此人們更加厭惡收到不感興趣的訊息。所以在這樣的時代，就要用狙擊的方式，確實提供人們眞正想看的資訊，而不是繼續亂槍打鳥，把所有雜訊都塞給別人。

別只想把手上的商品賣出去，先想想，你的目標顧客可能要的是什麼樣的商品，因爲沒有過濾篩選過的資訊，只可能被當成垃圾資訊，對他人而言一點價值都沒有。

超越表象的思維，創造大利多

美國行銷專家賽斯．高汀曾說：「別為你的商品找到好顧客，要為你的顧客創造好商品。」提供訊息的精準度，決定了顧客的忠誠度。

如果你拿出來的資訊裡有一百個重點時，其實就代表這堆資訊一個重點都沒有，因為對聽眾而言，他根本不想去消化這些資訊，就算裡面當真藏有一些好訊息，也會被當成垃圾訊息處理掉。

冷血還是熱血？早安圖運用得當的顧客管理學

「美麗的早晨，願大家平安喜樂。」
「祝福我的朋友，如意安康。」
「心念一轉，心靈溫暖，心念一開，智慧就來。」
「早安吉祥。多單純一分，多看開一分。」
「新的一天，新的希望。」

應該不少人每天都會收到，用一張風景照或美圖襯底，再置入一些勵志銘言的LINE訊息，這類圖文訊息又被戲稱爲早安圖或長輩圖，特別是傳銷或保險業者，最常利用這些圖來維繫友好的顧客關係。

然而長輩圖眞的能有效率的幫我們促成更多的保單嗎？或者反而讓我們變成一個令人感到厭煩的對象？

有個朋友就分享過他的ＬＩＮＥ，手機一打開，有上千上萬的未讀訊息，而他也早已放棄閱讀，因多半是些沒重點的聊天，不然就是心靈雞湯文。在大群組傳來傳去可不理會，最困擾的是丟私訊，明明不重要，不理他卻弄得像是自己失禮。

我的個性是，如果有朋友私訊丟了幾次心靈雞湯圖給我之後，我就會將這位朋友的提醒轉靜音，從此視這位朋友的來訊不重要，甚至不讀不回。

相信如我這種性格的人應該也有不少吧。說實在話，擾人又不討喜的問安，並不能幫我們帶來什麼好人緣，反而讓我們成爲煩人的角色。但，爲什麼還是有那麼多人對於轉傳這些長輩圖樂此不疲呢？

顧客管理有情感導向和任務導向之分

同樣從事保險業的業務朋友，卻從來不傳類似的圖給我，這位朋友的事業經營得有聲有色，還是位負責幾十人團隊的主管。爲什麼不傳給我？一次跟他聊過後才知道，原來他不是不傳，只是不傳給我。

「現在不少的業務及長輩，都很喜歡用這些心靈雞湯圖來連繫情感，怎麼你

都沒傳給我？我也是你的客戶啊。」我半開玩笑的問。

「因爲你冷血！」他簡單的說。

什麼意思？原來，他很清楚，像我們這種任務導向的人，不喜歡收到沒有功能性及目標性的東西，傳早安圖及長輩圖給我們這種人，其實只是自討沒趣，所以戲稱我們這種人是「冷血人」。

「但你們不愛，不代表沒有人愛啊，這些圖會存在就代表他有市場需求，甚至有些朋友你不傳給他們，他還覺得你不夠關心重視他們，這些人就是情感導向，他們的血是熱的。」他開玩笑的說。

原來還有這個學問啊？他繼續娓娓道來，「其中，又可分爲日安組、週安組、月安組、三節組，最後就是你們這種，沒事別去打擾的冷血組。」

有些人喜歡天天一大早有人問候他們，喜歡感受到人氣，所以要每天給他們一個早安圖，這就是「日安組」。但有些人覺得頻率太高會膩，於是就有了每週一次的「週安組」，又有每月一次及過年三節才有的「月安組」及「三節組」。

要看懂這位客戶朋友的需求，再正確的分組，提供頻率正確的噓寒問暖，當然，適當的親自探訪及見面也很重要。但事實上不是每一個客戶都喜歡被拜訪，有些「冷血型」的顧客，就眞的只想在有理賠需求時，才願意與保險公司連絡，平常沒事，眞的不用太常拜訪。

確實，做保險業務的朋友那麼多，他的確最讓人沒壓力，不是他不發早安圖，只是他不發給不對的人。

無足輕重的早安圖也要做好顧客管理

彼得．杜拉克曾說：「行銷的目的就是要對顧客有徹底的了解及認識，使產品與服務能完全符合顧客的需求，讓推銷變得多此一舉。」就算是看似無關緊要的早安圖，也要做好顧客的市場區隔。

喜不喜歡早安圖？接受的頻率有多高？

是任務導向多，還是情感導向多？

是比較冷血，還是比較熱血？

藉由確認現有及未來可能顧客的偏好，了解他們的需

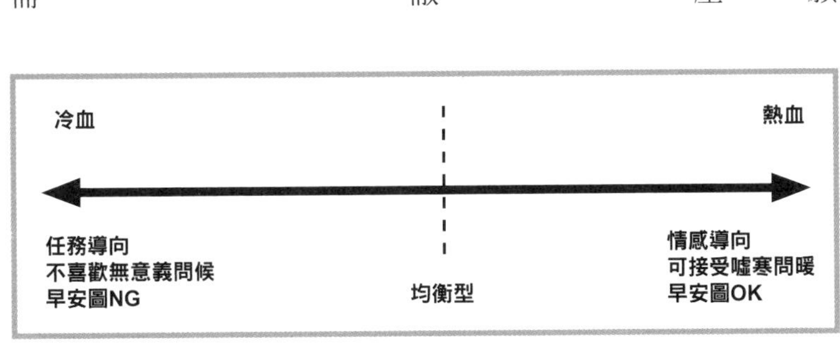

求後，再運用客製化方式，強化個別顧客的互動，才能建立更穩固的長期關係。

頻率不對的問候只是找人麻煩，辦活動也一樣，有些人熱愛參與各式活動，從講座、登山健行到看電影無役不與，有些人則更加喜歡獨處，懂得投其所好非常重要。

資訊氾濫的年代，把不對的資訊塞給不需要的人，真的只會惹人嫌，小心，別當個討人厭的心靈雞湯傳遞者。

超越表象的思維，創造大利多

每個人體內的血液都不同，任務導向的人，更喜歡討論及看見有目標性的東西；情感導向的人，較樂於接受一些閒話家常。但通常都不是極端的向某一邊靠攏，而是在中間地帶的某個位置上。試著掌握這個分寸很重要。

做好顧客管理，是每個行銷人的必要功課，不然提供了錯誤的行銷資訊，不單單行銷不成，還可能造成他人的困擾，失去了好印象，得不償失。

第三篇

換個腦，開創競爭對手忽略的優勢和機會

達成目標才是真贏！律師致力敗仗及避戰的啓示

「有沒有人認識厲害的律師？像王牌大律師那樣勝訴率高，每次都打勝仗的那一種？」

前不久一位親友與鄰居有些房子違章的問題要處理，但是公說公有理、婆說婆有理，一直都喬不攏，看來似乎得走上法院了，於是就四處詢問朋友，希望找到一位擅打勝仗的律師。

談到打勝仗自然就想到律師的「勝訴率」。勝訴通常指律師代理的當事人訴求，在訴訟過程得到支持。例如，與鄰居的違章糾紛，告到鄰居拆除違建；與政府的稅務訴訟，達到免稅或減稅的目標。換言之，勝訴率就代表了「贏」，很重要，不是嗎？

不過，有位律師朋友卻分享了一個不同的觀點，他說：「擅打勝仗的律師，不如擅打敗仗及避戰的律師。」這是在說什麼鬼啊？

「輸」才是「贏」的官司？

律師朋友跟我們分享了一個眞實案例。有一位老婦人，孤苦無依單身一人，隨著年紀越來越大，身體大大小小的毛病不斷，已經難以負擔粗重的工作，因此希望申請相關的低收入戶補助。

然而即使她名下沒有什麼財產，她的申請卻一直無法通過。爲什麼？因爲經過相關單位的調查，她有一位具工作能力且已受雇的女兒，在法理上這個女兒應該有扶養老婦人之責，因此老婦人不符申請相關補助的資格。

這到底怎麼一回事？原來，這位老婦人年輕時有過一段婚姻，與前夫有了這個女兒，由於前夫不負責任拋妻棄子，讓她成了單親媽媽，當時她既無經濟能力，又沒有足夠的信心去扶養自己的孩子長大，就將孩子寄託給遠房親戚。

所以，事實上老婦人根本沒有扶養自己女兒長大之實，然而在法律上，長大成人後的女兒，卻有扶養老媽媽之責……

老婦人很清楚，自己根本沒有臉、也沒有權利要求女兒盡孝道，更不想造成女兒生活上的困擾，然而自己又迫切需要這份補助，該怎麼辦呢？

「我幫妳打一場敗仗！」律師朋友了解老婦人的情況後，開口願意幫忙。

什麼叫打一場敗仗？就是律師接受委託幫老婦人告親生女兒「請求扶養」。

這是哪一招？不是說老婦人沒臉要求女兒盡孝嗎？沒錯。當訴訟進入法院程序後，法官開始詢問老婦人是否盡了扶養責任時，必須如實地坦白自己年輕時的失責，最後，老婦人告女兒「請求扶養」的訴訟敗訴了，通過法院認證，女兒從此在法理上不再有扶養老婦人的義務。

換言之，這是一場以「敗訴」爲目標的訴訟，這場敗仗，一來卸下了女兒的責任，二來老婦人也符合了低收入戶的申請資格。數字上是敗仗，實質上卻是不折不扣的勝仗。

若單單從勝訴率來看，打這場「不能贏」的官司，對律師的勝訴率還眞是沒有助益，但不得不說，願意拋下那些名目上的數字，眞正幫助委託人解決問題的律師，才是個好律師，不是嗎？

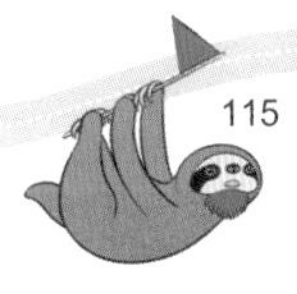

問題解決的重點不在贏或輸，而是要達成目的

「數字」的形成，背後一定有其特別的意義，但絕非越高越好，越低就越差。在找律師及訴訟案件時，當事人總是會關心這場官司能不能贏，也就跟著會關心起律師的勝訴率到底高不高了。不過很多時候，勝訴率眞的不能代表一個律師好不好，適不適合自己的案子。

事實上不少律師甚至喜歡建議當事人，能不走訴訟就不要訴訟，因爲當進入到訴訟程序後，通常已經不是誰輸誰贏的問題，而是面對繁瑣又煩人的官司，勢必得付出一定的代價，最後失去的往往比得到的更多。老是要興訟，老是講究輸贏的人，通常最後反而是輸家。

面對問題最好的方式，是要以問題解

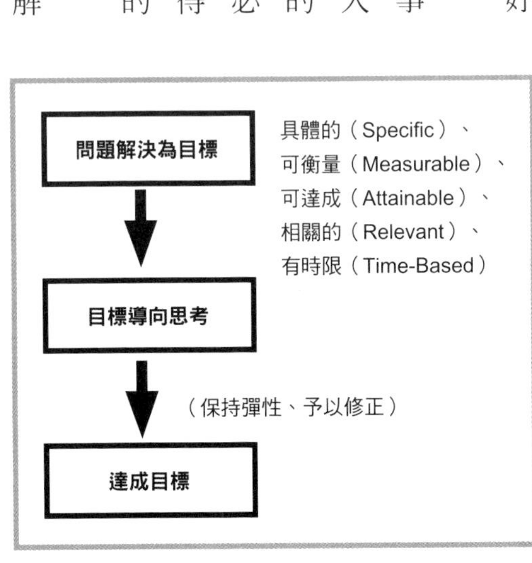

決爲中心，以目標導向來思考，先想清楚自己最想要什麼。而這個目標最好要是具體的、可衡量、可達成、相關的、有時限。

要完成目標，絕不能盲目低頭前進，得先知道方向在哪兒，再保持彈性予以修正，去思考我們該如何去完成目標，重點不是贏或輸，而是能不能達到我們所想要的目的。

孫子兵法：「故上兵伐謀，其次伐交，其次伐兵，其下攻城。攻城之法，爲不得已。」一定要打勝仗嗎？或許有時候，擅打敗仗及避戰的律師才是我們需要的。

超越表象的思維，創造大利多

想要完成任何的目標，都需要有策略思維。努力很重要，但如果只懂埋頭苦幹，悶著頭往前衝，只要方向錯了，通常就是白忙一場，可能賠了夫人又折兵，結果反而沒辦法完成原先的目標。所以記得擬定策略時，別太在乎贏到的「面子」，多想想能確實得到的「裡子」。

說服技巧高明的醫師，儘管毒舌還是大受歡迎

衛生所的附屬小兒科，平日總是有不少年輕媽媽，帶著嬰幼兒來看診及打預防針。在等待護士叫號的時段，診間外就成了媽媽們聚在一起聊媽媽經，寶寶們大眼瞪小眼的交誼廳。

這裡有位駐診醫師，平常說話扼要又嚴厲，總是直言糾正家長錯誤的育兒觀念，雖然感覺有點兇，但因爲看診仔細又認眞，仍是不少人心目中的好醫生，甚至有些媽媽就喜歡專程來討這位醫生的罵。

某天來了一家五口的看診病患，爺爺、奶奶、爸爸、媽媽再帶上一個小孩，因爲一人得了流行性感冒，全家交叉感染就一起中標了，可怕的是，這一家人全都沒戴口罩，就在滿滿是新生兒的候診室咳嗽了起來。

掛號櫃台的人員深感不妥，覺得這家人實在是有點白目，而其他帶著寶貝孩子來看診的家長們，也對這一家五口不速之客感到相當感冒，臉色都難看了起來。

「這裡明明是那麼多嬰幼兒來打預防針的地方，怎麼會有大人這麼白目，得了流行性感冒還來這裡看診，口罩也不戴？」

有技巧的說服策略，順利避免了一場紛爭

衛生所小兒科本來就是開放給所有年齡層的民眾掛號，這家人自然覺得沒有什麼不妥，但對其他家長而言，怎麼能接受自己不滿週歲的寶貝孩子，暴露在這家人感冒病毒的風險中，厭惡及不滿已形於色，並有家長向院方抗議，希望平常總是直言的醫師，能嚴厲的糾正這一家五口。

出乎意料的，醫生少見的收起了他的厲色直言，客氣的送上口罩給這一家人說：「爺爺奶奶您好，大人感冒很容易傳染給小朋友喔，爲了讓家裡的小寶貝感冒能快好，也爲了不讓其他寶寶感冒，請您們一定要戴上口罩。」

接著，他再簡單的向排在後面掛號的家長說：「因爲有感冒的大人，你們等等再進診間。」

之後，用最快、最有效率的方式迅速看完這一家人後，立刻當著所有家長的

面，進行了全診間的消毒動作，再請護士一一去向其他的家長說明，因為要全面性消毒，請下一位家長及寶寶稍微等等。

就這樣幾個看似客氣，卻又頗為強制的動作，不但讓這家人戴上口罩看診完離開，也減少了其他家長的疑慮，避免了一場紛爭。

這位小兒科醫生的這些動作當中，隱含了什麼樣的說服技巧？

說服支持者訊息要簡單，拉攏反對者則要迂迴

像這樣的案例其實經常發生在我們周遭，這家人可能眞的太輕忽病毒（不然怎麼會全家都中標），少了同理心，而不是存心害其他寶寶感冒。然而一百個人就有一百種的價值觀及習慣，想改變每一個人並不容易，這需要整個社會的長期潛移默化。

面對缺乏同理心的人，不少人的第一個反應是生氣，進而帶著情緒去伸張正義，因此容易惡言相向，反而產生更多的矛盾及衝突，根本說服不了任何人，還可能讓整個場面更加麻煩。

那麼，我們要如何去「說服」這些與我們價值觀不同的人呢？不少關於「說服」的研究指出，當我們想說服的對象，原先就支持並認同你的觀點時，那麼提供越簡單直接的單面訊息越好，反之，如果我們想說服的對象，原先是不支持或是不習慣你的觀點時，那麼提供較複雜的雙面訊息「說明」清楚，更容易具有說服的效果。

因此對於原先配合度就高的家長，醫生只要說：「有感冒要戴口罩。」就能達到立竿見影的說服效用，訊息越簡單明瞭，最後的說服效果就越好。

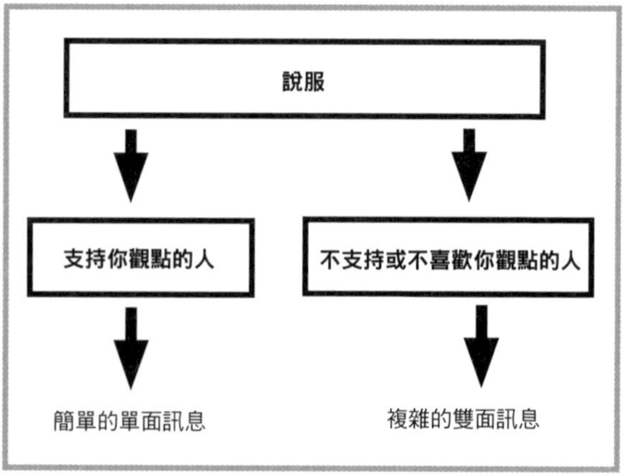

說服

支持你觀點的人	**不支持或不喜歡你觀點的人**
簡單的單面訊息	複雜的雙面訊息

反之，對於原先缺乏口罩觀念的這家人，想說服他們就需要迂迴一點地說：「感冒是會傳染的，而經研究證明，口罩能有效降低感冒傳染的機率，爲了你們家寶寶好，也爲了其他寶寶好，所以要戴口罩。」多繞幾個彎，多引經據典一下，如

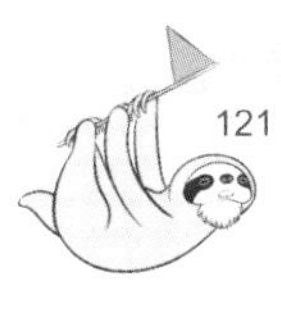

此方能成功說服。

就像選舉造勢的場合，面對支持者只要高喊「凍蒜」就好，不用說太複雜的政見，催票效果反而好。然而如果你的目標選票是中間選民或對手陣營時，就需要更複雜迂迴的政見及策略，才有機會改變這些人的投票意向。

不少的知識分子，說話總是喜歡繞好幾個彎，這不就正是他們熱愛說服異己的證據嗎？

超越表象的思維，創造大利多

當想要說服人時，多數都會習慣用自己最擅長的方式，情感豐富的人通常喜歡動之以情，嘴上功夫了得的喜歡喻之以理，力氣比較大的就想以力服人。

事實上，最有效的說服方法，應該要反過來思考，想想我們的目標對象，適合採用什麼樣的說服法，講理的就說理，重情的就說情，對於支持者用簡單的單面訊息，對於反對者就用複雜的雙面訊息。

自己鼓掌得再用力，都不如他人的掌聲響

每年的年關將近各大企業或組織，都會辦一些大大小小的宴會活動，像是老闆宴請員工的尾牙、生意伙伴間的年終聚會、三五好友一起跨年小聚，或是家族間的溫馨聚會……有一次，我參加了一個著實讓我印象深刻的宴會。

那是某社團主辦的尾牙，規模不算小，約莫開了八桌，餐會開始的前一個多小時並不上菜，而是安排各式各樣吹捧社團大頭的節目及頒獎儀式。台上有表演者載歌載舞，更有司儀歌功頌德，銀幕上還播放著大頭的豐功偉業及生活點滴。

爲了讓來賓能專心參與，所以先不上菜，以免來賓顧著吃，忽略了台上的精采演出，可不能讓大頭們的精心設計及採排，被台下賓客悠閒的吃飯氣氛給破壞。

但因爲肚子眞的很餓，我實在無福消受這樣的安排，然而整場活動似乎深怕漏了什麼似的，幾乎沒中斷的一直介紹每一位大頭及幹部。實際上，銀幕上大頭的身影出現越多次，我就更難尊敬他了。難道他不知道，吃飯皇帝大嗎？

單我一人孤掌難鳴，就算肚子再餓，也沒辦法要求主辦單位快出菜，好不容易開場節目暫告一段落，終於願意上菜放飯了，心中的不平稍歇，但台上的活動及銀幕上大頭的身影，似乎沒有休息的打算，仍然如火如荼地進行著。

到底他的生平，他的豐功偉業，跟我有什麼關係啊？我邊嗑著佳餚邊嘀咕了起來。有趣的是，我只是在心裡嘀咕，同桌參與這場尾牙的兩位女孩，卻忍不住直接碎嘴起來了——

「呃，這些人太可怕了！到底需要多膨脹？」

「這樣搞也太誇張了吧？到底是有多需要刷存在感？」

「自我感覺太良好了吧？真的覺得有人想去看他們的照片嗎？」

「準備的食物一般般，這位大頭可真不一般！」

看來，對這位大頭自吹自擂的精心安排，產生負面觀感的可不只我一人，其他受邀的來賓，也不太喜歡過度吹捧自己的人。

雖然一開始的初衷，是想藉由這些活動及儀式好好吹捧自己，然而從結果來看，最終帶來的可能反而不是太正面的形象，降低了他們在賓客心中的評價。

名片再厲害，實不相副反而是累贅

好不容易活動終於暫告一段落，在一個機會下，我跟剛剛在台上風光無限的大頭換了張名片。

仔細看了一下這張名片，印滿了各式各樣的頭銜：某社團的理事、某協會的監事、某公司的董事，連曾經得過什麼獎，有過什麼樣的榮譽，都怕遺漏般的往小小的名片裡塞，正反兩面不夠用，還設計成折頁的方式來呈現。

這位名片看起來頗爲偉大的朋友，一點都不辜負自己的名片，毫不吝嗇的跟大家分享了他的成功故事，滔滔不絕地告訴我們不少個人的成功哲學，再度自我吹捧了起來。

「人脈即錢脈，你們這些年輕人要多多參與社團，跟我們多學學。」

「出外靠朋友，賺錢也是靠朋友，我就是這樣成功的。」

「你們的名片太單薄，要多多累積自己的頭銜啊……」

「年輕人，加把勁，只要多學習，你們會有機會成功的。」

我相信這位前輩，事業上應該多少有些成績，不然不會有能耐及餘力，去弄

了那麼多有的沒的頭銜。但怪的是，我就是很難打從心底，眞正去佩服及喜歡眼前這位名片很偉大的朋友，爲什麼？

笨蛋努力為自己鼓掌，聰明人把掌聲留給他人

無論是名片上滿是頭銜，喜歡自我吹捧的朋友，還是將尾牙當成個人秀的大頭，在多數的情況下，都難以讓人們喜歡他。

英國哲學家法蘭西斯．培根曾說：「人們越少提到自己的偉大，我們就會更常想到他們的偉大。」

人們天性就有追求平衡的因子及習慣。一位只有八十分的人，如果老是將自己吹捧到九十分時，除了想拍馬屁及另有所圖的人之外，人們都會吝於給他更多的掌聲，因爲大家覺得太滿了，剩下的就只有噓聲。

反之，如果這位八十分的人，總是謙虛的將自己放在

	自誇	人誇
態度	自我吹捧	自我謙虛
掌聲來源	自己的掌聲	他人的掌聲
結果	噓聲	掌聲

靠自己鼓掌得再用力，都不如他人給的掌聲響。

六十分的位置上，那麼身邊的人將會更願意爲這份謙卑，提供更多的掌聲，最後反而博得一份好名聲。

笨蛋努力爲自己鼓掌，聰明人把掌聲留給他人。

超越表象的思維，創造大利多

人性本善，所以多數人都不希望看到他人的不幸。有趣的是，人性也都是愛比較的，所以也不喜歡看到他人太好。沒有人會喜歡自己比別人差，所以當一個人過度放大自己，自我吹捧時，幾乎不可能為自己帶來什麼好人緣。

特別是在生意場上，面對老是吹捧自己的人，旁人只能一直附和他，就算有心想要搭建關係，也會因為無法持續勉強讚美而談不下去，又怎麼可能合作呢？

不比第一比第二？別被名次及分數給綁架了

前陣子參訪了一家觀光工廠，這是一家頗具文化及教育意涵的觀光工廠，然而由於是傳統產業，因此沒什麼高科技的聲光效果，屬於比較靜態的展覽。

當時只有一個約莫三十人的小學班級來參訪，分成三組後，就分別帶開導覽各個不同生產環節的講解及示範。

對於這個世代的孩子而言，這種傳統工藝的生產流程，雖然沒見過還算新鮮，但再怎麼樣也比不上手機、平板遊戲來得生動有趣，因此孩子們的情緒並不怎麼高昂，有點像是上班族來出差的感覺。

爲了鼓勵孩子們多多參與及發問，主辦單位在參訪的過程中也加入一些簡單的有獎徵答，希望孩子們能夠舉手搶答，進行比賽排名後，送些小禮物當作獎勵。

「剛剛老師示範的動作叫什麼？我數一、二、三，比第一個舉手的搶答唷！」其中一位十人一組的導覽員開始帶動有獎徵答，比比看誰能拿第一。

我瞄了一下，約有兩三位小朋友舉手捧場，參與這個「比第一」的搶答，但卻也顯得意興闌珊，孩子們對於搶答活動，以及自己的排名如何，根本就興趣不大。但既然是來「出差」的，一些配合度高的孩子，仍盡可能的參與。

不比第一，比第二？

當中有一組人的互動氣氛不太一樣，遠遠聽見孩子們嘻嘻哈哈大聲笑鬧著，什麼情況？

這一組的導覽員是位活潑漂亮的年輕女孩，我發現她所採用的問答方式，跟過去我的認知有些不同，不是在比誰第一個舉手。

「剛剛老師示範的動作叫什麼？我數一、二、三，比第二個舉手的人搶答唷！」她帶著爽朗的笑容，大聲宣布。

「比第二？」小朋友們瞪大了眼面面相覷，滿臉狐疑。人家都嘛是比第一，這位姊姊犯傻了嗎？比第二是哪一招啊？第二又要怎麼比？

因爲對這個「比第二」有些好奇，於是願意舉手的小朋友多了些，約莫有

六七位，而導覽員姊姊也很認真地看著，到底誰才是第二個舉手的人。雖然小朋友的答案一樣七零八落，但這個「搶第二」的活動，顯然已燃起小朋友搶答的興致。

要搶第一個舉手，只要夠積極夠快即可，但搶第二名舉手還真不容易，需要盯著旁邊的同學，敵不動我不動，敵欲動我要第二個動，這個可比搶第一更需要靈活反應。

接著小朋友們又發現，看到別人舉手再舉仍是太慢，於是又變成自己要抓大概時間就得搶答，小朋友們不但要聚精會神地抓時機，還要瞪大眼的當裁判，仔細觀察到底誰才是第二名。

這個莫名其妙的「比第二」搶答，反而激起了孩子們參與的熱情及興趣，成了整個觀光工廠內，最熱鬧活絡的一組。

太專注於競爭，反而無法做出創新的東西

大家不難想到，這個「比第二」的搶答只是這位女孩的突發奇想，並非觀光工廠的標準導覽流程，且

平心而論，「比第二」的搶答方式，也不適用於絕大多數的年齡層，更不是每位導覽員主持活動時，都會有這樣的魅力及反應力可帶動玩，但在當下卻出乎意料的有趣，吸引小朋友們高度的參與熱情。

「比第二」的搶答，不搶先，不搶快，少了些比較，多了些隨意，卻反而更能讓小朋友們單純的參與、觀察及思考，讓這些早已習慣被排名的小朋友們，暫時不用再去比搶前面的名次，反而玩開了、笑開了，小朋友一堆千奇百怪的答案及創意，就在這種輕鬆的氣氛下展現了出來。

Google的執行董事長施密特（Eric Schmidt）曾說：「若你專注在競爭者上，你永遠無法做出真正創新的東西。」

分數及名次就像一個框架，把所有人框在一起，用同一個標準來評分，讓所有人比出個高下，卻同時扼殺了不少的可能。

想想過去我們周遭充斥了太多的名次及比較了，學校考試要分數及排名，職場要KPI及職等頭銜，讓我們不知不覺將重心放在與他人比較上，少了些單純的樂趣。

或許有時候轉個彎，更純粹的去參與某些有趣的活動，反而更能樂在其中，

學習效果及成績可能也更好，能玩出些新花樣。

小心，別讓自己的思考及前進方向，老是被名次給綁架了。

超越表象的思維，創造大利多

曾有研究指出，那些改變世界、推動著世界前進的人，鮮少是在學生時期追求著課業第一名的好學生。因為那些課業第一名的好學生，通常都是聽話、服從體制，跟著遊戲規則走的人，他們或許可以有傑出的課業表現，到了職場可能也不會太差，但就是很少能真正開創新格局。反而是那些不拘泥分數，不拘泥他人制定遊戲規則的人，才有可能開創不同的新局面。

沒有喬峰單打獨鬥的實力，就要務實地融入群體

有人認為事業要成功，一定要積極的擴展人脈，畢竟俗話說人脈就是錢脈，而為了要建立人脈，不少人會選擇去加入一些社團，如獅子會、扶輪社等，或是投入相關產業的公會去服務，抑或是進修EMBA，透過這些管道及組織，開拓一些認識新朋友的機會。事實上，這種透過組織鏈結的方式，雖然確實提供不少人互相結識的機會。但有時候，要從中找到自己的利基，其實不是那麼簡單。

「這些人，會不會太現實？認識的時候說一套，好像有很多合作機會，等到我沒有要入會時，怎麼好像就沒有合作機會了？」一位剛從大學畢業，想要創業的年輕朋友抱怨說。

由於這位年輕人剛創業，要資源沒資源，要人脈沒人脈，因此透過許多朋友的介紹，積極的去參與大大小小的社團及聚會，想要伺機擴展人脈，而在認識新朋友時，也都得到不少善意的回饋。

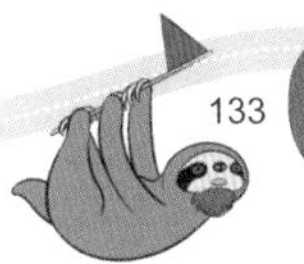

「歡迎來到這個大家庭，來這裡對你一定有所收穫。」

「不用有壓力，就算沒加入，大家一樣是好朋友。」

「人脈即錢脈，未來咱們一定有不少的合作機會。」

「眞是青年才俊，剛從大學畢業就有如此的衝勁。」

「我這邊有不少同業朋友，或許可以引薦你認識。」

在人們第一次見面時，通常都會有不少好聽的客套話，希望多結善緣，然而當這位年輕朋友，最後沒有正式加入這些社團時，好像一開始的親切都是假的，根本從未得到任何實質上的幫助及引薦，爲什麼？

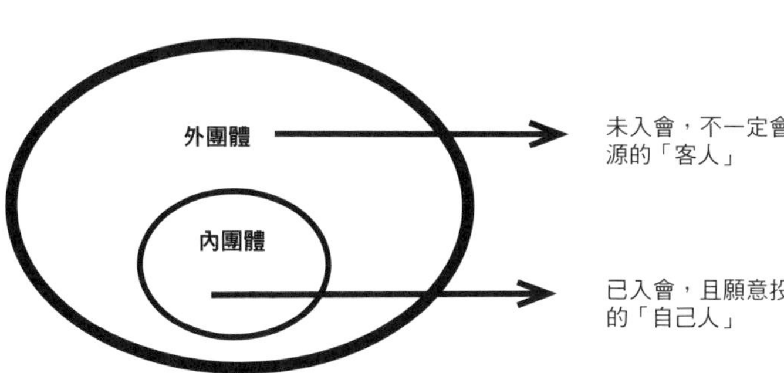

人是群體的動物，就算沒有明文規定，也會在不知不覺中偏袒「內團體」而排擠「外團體」。不過，一旦自己的實力被看重，有利用的價值時，即使是外團體也不用怕沒機會。

「人家爲什麼要幫你？」一位較年長，參加過不少社團、商務聚會的前輩，一針見血的提出這個問題，而這個簡單的問句，幾乎完全說明了原因。

人家爲什麼要幫你？對他們而言，你是「自己人」嗎？

非我族類，其心必異

什麼叫作「自己人」？或許我們可從金庸的武俠小說中窺見一二。

在金庸小說《天龍八部》中，丐幫原幫主喬峰仁義兼備，原本率眾抵禦外敵，爲中原武林立下了不少的汗馬功勞，是叱吒風雲的英雄人物。人人服他敬他，然而因爲被人揭露是契丹血統，就算什麼惡事都還沒做，就從萬人敬仰的大俠英雄，成了人們眼中茹毛飲血的外族大患。

事實上，喬峰本身並未改變，仍然是那個氣勢磅礴、武功蓋世的大英豪，只不過是在血統上出現了爭議，就完全改變了人們對他的看法，將之視爲心腹大患。

喬峰的故事告訴我們，人們並不是不能接受一個人的才華超群，而是不能接受這個人跟自己不同國。

由於人是群體的動物，所以很有趣的是，很多人在衡量一個人時，標準並不是那麼的獨立客觀，他們在乎的，不在於你到底做了什麼，有多麼優秀，而是取決於你到底屬於哪個群體，跟他們是不是同一國。正所謂非我族類，其心必異。

再博愛的宗教也是只幫自己人

心理學家佛洛伊德曾說：「即使是自認爲博愛的宗教，對於不屬於它的人，也一定是無情的。」在這個社會上，絕大部分的人，都沒有孤軍奮戰就能成功的能力，因此就需要去形成一些具有共同利益的群體，社會學中又將之分爲「內團體」及「外團體」。

以社團組織來講，內團體就是已經入會，並願意投入資源在這個團體中的「自己人」，外團體就是還沒入會，只是嘴巴上說說場面話的「客人」。人是群體的動物，因此就算沒有明文規定，也會在不知不覺中，更偏袒「內團體」而排擠「外團體」。有油水，當然是自己人先享用，有剩才輪得到外人。

所以，我們就非選擇某些團體靠攏不可嗎？也不一定，雖然大部分的情況下，人們常有內外之分，但只要不是像喬峰那樣在血統上明顯衝突，當有明確的利益交換價值時，其實仍然會有不少機會。

選邊站有時候是因為自己不夠強大，需要仰賴一下群體的拉拔，當自己夠有利用價值時，即使是外團體也不用怕沒機會，相反的，自己不夠強，就算是在內團體，可能也得不到太多好處，反而只能成為團體中的提鞋小弟！

成敗論英雄，小說中的喬峰即使不再是丐幫人，但因為英雄蓋世，仍然是武林群雄爭相結交的人物，不是嗎？

超越表象的思維，創造大利多

人類是群體動物，所以勢必會形成一些小團體，在我們還很弱小時，多多投入團體中學習及成長會是一個不錯的選擇。當我們變強大之後，就會是團體需要我們了。

千萬別想著要找到夠粗的大腿來抱，而要想辦法讓自己成為那一隻夠粗的大腿，讓人們願意與你合作。

一加一等於二嗎？注意市場區隔及品牌競食

一家製造業的中小企業，隨著產品品質的提升開始建立起自家的品牌及口碑，也接到不少百貨公司進駐櫃位的邀約。

這對公司來說，無疑是一個令人振奮的消息及肯定，因爲這代表著，公司不再只是C2C的產品生產者，還多了一個C2B的身份，有機會直接面對消費者。

打響第一炮十分重要，於是公司決定由擁有三寸不爛之舌，曾經當過櫃姊，最會銷售的女經理親自出馬，擔任第一個櫃位的櫃姊，也作爲踏入百貨通路的試金石。

這位經理對於自家產品有詳細的了解，更具有優秀的口才及銷售技巧，將產品推銷給消費者，對她而言根本是易如反掌，因此在進駐櫃位的第一個月，就創造了三十萬的營業額，到了第二個月更加得心應手，該櫃位的營業額一舉成長到四十多萬。

經理發現，過去公司都躲在產業鏈的最前端，只專心做研發及製造，但其實原來自家的產品頗具市場競爭力，而且很適合直營賣給消費者，無需透過經銷商及通路。一想到這，就拿起如意算盤算了算，如果一個櫃位能有三、四十萬的營業額，十個櫃位如何呢？若有機會能夠擴展到十個櫃位，不就能創造數以百萬計的營業額了嗎？這眞是公司能夠賺錢的大好良機啊，從此公司可能就不再需要當毛三到四的製造業者，而有機會成爲消費者眼中的品牌產品。

如意算盤打太響，不料商業模式難複製

於是憑著這股氣勢，經理說服了公司，開始與該地區其他的百貨通路洽談駐點事宜，並一口氣將櫃位點擴展到了十多個。

經理自己待在人潮最多的櫃點親自督軍銷售，其餘櫃位則透過介紹及人力銀行徵才找來櫃姊，開始兵分十路進行各櫃位的營運銷售。

這如意算盤打得很響，但結果能否如願呢？就這樣試營運了一個月，經理親自督軍的櫃位仍維持銷售水準，有著近三十萬的營業額，而其他的九個櫃位，不但

無一處銷售額能超過十萬，甚至還出現一整個月賣不到一萬塊的離譜櫃位點。

經營一個櫃位不但需要挹注薪資及管理成本，還需支付昂貴的租金及銷售抽成給百貨通路，沒有營業額形同嚴重虧損，而且合約通常一簽就是半年或一年，撤櫃將造成高額的違約金及商譽損失。

想撤撤不了，想留又要賠錢留，擴點的策略，顯然是徹底失敗了。這個如意算盤究竟出了什麼錯？

市場區隔及品牌競食，不是一加一等於二的數學

這世界上絕大多數的情況，都不會像數學那樣，一加一等於二，吃兩塊雞排的幸福指數，通常不會是吃一塊的兩倍，帶兩個小孩的辛苦指數，也不會是帶一個的兩倍。

同樣的，兩個櫃位的營業額並不會剛好等於一個櫃位的兩倍。一個櫃位能有

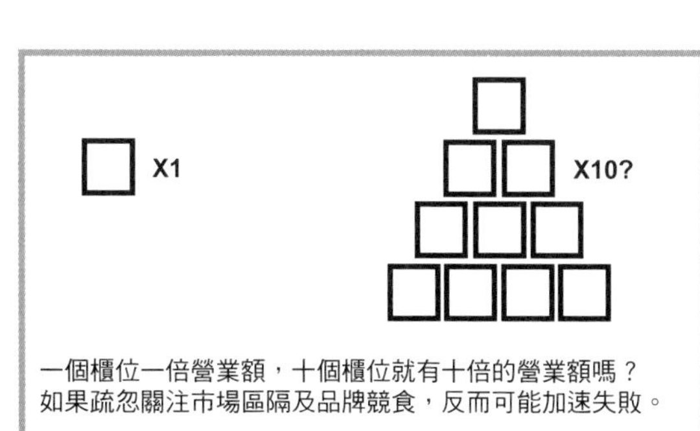

一個櫃位一倍營業額，十個櫃位就有十倍的營業額嗎？
如果疏忽關注市場區隔及品牌競食，反而可能加速失敗。

一倍銷售額，十個櫃位就能有十倍，這個假設本身就有問題。精通銷售的經理只有一個，儘管人員補齊了，但是並無法做到每一個櫃姊都像經理那樣很懂自家產品又具銷售技巧。

一項產品再好，沒有好的銷售員就注定賣不出去，然而培育一個適任的好人才，是需要時間的。那麼，如果可以複製十個像經理一樣，如此懂銷售的櫃姊，是否營業額就能呈現十倍的成長呢？答案或許仍然是否定的。

同性質產品的櫃位通常具有區域性，然而對於區域中的目標顧客而言，無論公司的櫃位是一個還是十個，最終願意付出的總預算可能都差不多。換言之，增加的櫃位，僅僅是增加了能見度，這十個櫃位可能都是同一個區隔市場，如果市場的餅沒有做大，僅僅增加了銷售點，根本無益於擴大市場利基。

成功的通路策略一定要能在地域上有所區隔，且不同區隔市場的消費者，不應該能夠輕易的互相流通，否則將產生互相競食的現象，新櫃吃掉了舊櫃的市場，而銷售額的增長幅度卻永遠追不上擴點的成本支出。

一個新的產品都一定要歷經醞釀期，累積了足夠的人氣及口碑後，才有機會呈倍數的成長，由於早期的使用者通常不多，如果在初期就投入過多的資源，容易

造成虧損而導致最終的失敗。

絕大多數成功的商業模式，都是不太容易速成及複製的，欲速則不達，有時候做生意，亦是需要慢火打造的。

超越表象的思維，創造大利多

在這個複雜多變的大環境，幾乎沒有任何一樣商業行為，是可以輕易複製的，就算是加盟事業，能賺到錢的加盟主也可能只是少數。

就算類似的其他櫃位能作為參考，也不應該理所當然的認為能複製結果，所以請學會以個案思維來看市場，每一個不同的櫃位有完全不同的條件，都需個別評估，別被表面的算數給騙了。

聰明能讓你走得更快，但不擇手段失去良善，一定走不遠

一位有兩個孩子的媽媽，在年輕時就進入代書事務所工作，因爲好學又勤奮，工作了幾年後，考上了地政士，更在前老闆的支持下，開了一家自己的地政士事務所，搖身成了一位老闆娘。

地政士的業務範圍主要是協助房地產權利人及義務人，代理土地登記、測量、稅務、公證、契約等業務。因此一個事業成功的地政士，通常都有不少相關產業的合作對象，如房屋仲介、建商、代銷、大地主等，這是一個需要一點人脈及商業手腕的行業。

由於這位地政士老闆娘做事積極、圓融又具有同理心，所以在業界累積了不少相關產業的好朋友，更有不少長期合作的產業伙伴，隨著事業穩定的成長，事務所也慢慢的增添人手，逐漸發展成小有規模的地政士事務所。

有一回在徵才時，來了一位年輕女性，因爲跟前夫離婚了，一個人獨力扶養三歲的小女兒，必須兼顧家庭，而要找到能兼帶小孩的工作其實不容易。

老闆娘自己也經歷過，很了解帶小孩的辛苦，於是她不但提供工作機會，還同意這位年輕媽媽，可以在幼稚園下課時去接小女兒來事務所，讓她可以家庭和工作兼顧。這位單親媽媽相當感激地說：「我一定會在工作上全力以赴，以報答老闆願意提供工作機會的恩情。」

這位年輕媽媽確實在工作上完全不馬虎，對每一個任務都相當的有企圖心，還很上進的利用工作之餘，也考上了地政士的執照。不料，她在事務所工作了兩三年後，突然有一天無預警的說要離職。員工離職，本來不是什麼了不起的大事，但詭異的是，就在她離職之後，事務所卻接到不少老朋友打來的警告電話。

養老鼠咬布袋？

「妳要小心，妳之前那位員工好像到處在挖妳的牆角，搶生意。」

「妳知道嗎？妳事務所那位年輕媽媽，昨天突然來找我，說希望當我的紅粉

知己，這是怎麼回事？」

「老闆娘，妳之前事務所的那位女員工，穿著很性感的來找我，說希望我們的Case可以轉給她，妳們事務所還好嗎？」

原來，這位年輕媽媽在離職時，偷偷帶走了不少內部資料，離職後，就一家一家的搶生意。如果是男性的老顧客，還會曖昧表示，自己願意當他們的紅粉知己，可以常常一起約會喝咖啡，於是不少老朋友紛紛趕緊打電話來警告老闆娘。

老闆娘起初不太相信，但實在有太多的老朋友指證歷歷，懷疑不如求證，就打了通電話給這位離職的單親媽媽，想確認一下到底怎麼回事，結果只得到了這樣的回覆：「如果可以選擇善良，誰想要這麼做，別怪我！」

爲了改善自己的經濟條件，爲了給女兒更好的物質生活，這位年輕媽媽不惜傷害對她很好的老闆娘。而這

次的事件，或多或少也確實傷害到老東家，雖然生氣，但也無可奈何。

聰明是天賦，善良是選擇

隨著日子一天一天過去，老闆娘也漸漸忘掉了這個人，沒想到兩年後，老闆娘再次看到這位年輕媽媽的訊息，而且是在人力銀行的求職欄，她又失業了。

原來，就算多少有一些大頭管不住小頭的老顧客，但人數不多，而且也不是眞心將機會全都給這位年輕媽媽，於是在曖昧一段時間之後，自然又將合作機會轉讓給其他代書了。

這位年輕媽媽就算有證照，野心勃勃地想要打造自己的事業，但事業根基未穩，又因爲這次事件導致臭名遠播，人家不但不敢請她，甚至也不敢隨便跟她

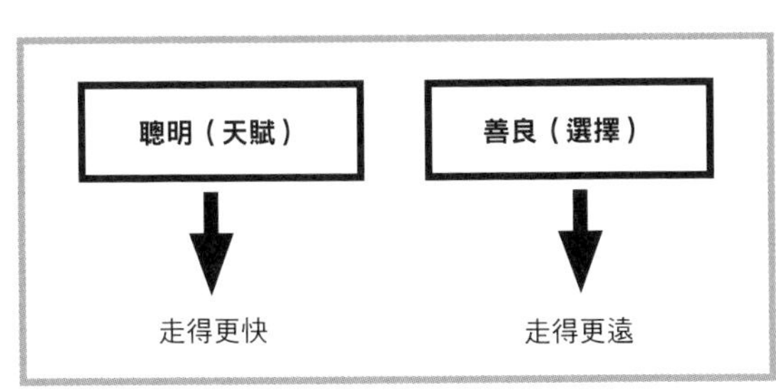

聰明可以幫助一個人走得更快，但如果不擇手段失去了善良，那一定走不了多遠。

合作，於是她又開始領失業補助，到處找工作了。

可憐之人，必有可恨之處。一個人的不如意，往往源自於其過往的一些錯誤行爲、習慣及價値觀。美國亞馬遜網書CEO貝佐斯曾說：「聰明是一種天賦，而善良是一種選擇。」聰明可以幫助一個人走得更快，但如果不擇手段失去了良善，那一定走不了太遠。

超越表象的思維，創造大利多

雖然人們總喜歡用「無奸不成商」來形容做生意的商人，然而其實幾乎沒有一個成功的生意人，可以只靠著自己的聰明及奸巧就讓事業永續經營的。

因為沒有一個事業，是不需透過人就可以完成的，而比起心術不正的人，人們都更願意跟善良的人合作。

雨傘王國美名當之無愧的行銷策略思考

對一般大眾來說，雨傘應該是一個功能性明確的產品，那麼，如果想要將雨傘行銷到世界各地，會有哪些眉角需要考量呢？某次機緣巧合下，一位台灣雨傘業的老闆與我和幾個朋友一起討論了這個問題。

其中一位朋友直覺回應道：「傘不就是遮陽擋雨用的嗎？有需求就有市場，哪會有什麼眉角？」

是的，雨傘是一項功能性商品，按理說就是提供遮陽擋雨用，除此之外，還能有什麼是需要顧慮的？

另一位修過幾門商管行銷的朋友，則認爲要做國際行銷，就不能只從本國的背景看待不同國家的市場，至少先從該國的氣候地形、經濟條件、消費習慣、通路形態、文化背景等元素去觀察，才能找出最適當的行銷策略，因此——

「貧富不同，價格應該有高低之別。當地所得越高，定價可較高。」

「雨季不同，旺季應該有期間之別。配合旺季淡季，鋪貨可調整。」
「雨量不同，對雨傘的需求應不同。如果雨量越多，雨傘賣越好。」
「日曬不同，對陽傘的需求應不同。如果陽光越烈，陽傘賣越好。」

這是一個念行銷的腦袋瓜，腦海中可能會先想到的幾個考量點，其實已經算是相當精準，頗能用來應付絕大多數的情況。

雖然這些想法並沒有什麼錯，但是從傘業老闆的分享中我們才知道，不少的學問跟眉角不實地去了解，只根據邏輯及框架來思考，還真不會知道。

看似功能明確的傘，各國學問大不同

事實上，只能用來遮陽擋雨的傘，當走入不同的國家之後，隨著風情文化不同，就反映出截然不同的市場需求。

在日本，最具商機及利潤的並非我們熟知的日用傘，而是高雅的蕾絲陽傘。傘對某些日本女性而言，是一個體現時尚及品味的象徵。有趣的是，由於日本文化

強調內斂及禮貌，因此暢銷的傘大多爲低調的素色，而潛藏在內心想被理解的欲求，就藉由陽傘車邊的騷包蕾絲來表現了。

在泰國，這個重視觀光娛樂的國家，也是高爾夫文化盛行的地方，因此這裡最具商機及利潤的傘，正是高爾夫球場專賣店裡販售的高價位高爾夫球傘，品質好的高爾夫球傘價格不菲，能經常到此消費的族群，多數也都喜歡這種高價位凸顯的奢侈感。

在大陸，這個品牌蓬勃發展的地方，人們越來越重視品牌，因此就要賣形象好的品牌傘，品牌的ＬＯＧＯ及傘面要越大越好，傘面大遮擋的雨才多，ＬＯＧＯ大才能讓人看出撐的是把有品牌的好傘。

在歐洲，當地人不太愛撐傘，即使撐了傘，傘面通常也比較小，只要能遮住一顆頭就夠。這是因爲他們相對更重視人權，撐大傘就是剝奪別人的生活空間，是很不紳士的行爲，所以在不少地區暢銷的大傘，在歐洲反而沒有市場。此外歐洲人民族性奔放，較偏好鮮豔繽紛的傘色。

在美國，由於美國人外出多以車代步，對雨傘的需求自然不大。而且美國人特別喜好陽光，不怕曬黑，因此普遍沒有撐陽傘的習慣，反而難以理解旅遊美國的亞洲人為什麼這麼愛撐傘。

台灣則因為諧音的關係，傘字音似散字，不少人都認為不宜送傘。事實上「傘」的象形字原意有著人與人相聚之意，為一群人在同一個屋簷下。而且在不少的國家中，送傘代表著祝福及守護對方之意。

同樣的輪廓，不同人眼裡有不同的光景

文化是一群人的共有價值觀，也形塑出他們看待世界的方式。瑞士的歷史學家雅各·布克哈特（Jacob Burckhardt）曾說：「任何一個文化輪廓，在不同人的眼裡，看起來都可能是一幅不同的光景。」一模一樣的東西，在不同人的眼中，可能是完全不同的樣子，而這有時候並不容易輕易得知，所以想要有影響力，需試著想像他人眼中的光景究竟是長什麼樣子。

多數人在看事情時，往往存在著框架及習慣性，容易受到

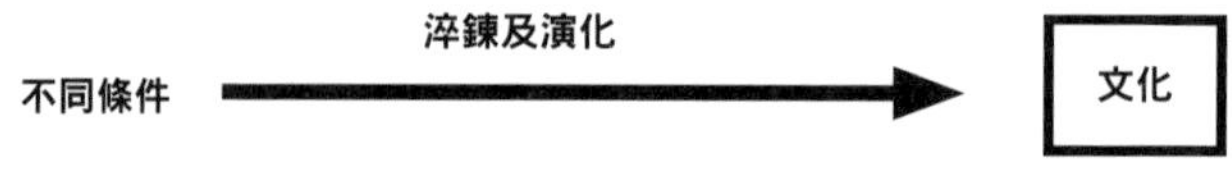

文化是一群人的共有價值觀，也形塑了他們看待世界的方式。

自己過去經驗及知識的影響，而留存一些盲點。如果想做好行銷，有時候不妨入鄉隨俗，從對方的角度換位思考一下，也許他人所要的根本就不是我們所想的。

這點可以從不少講述成功行銷案例的專書，驗證絕大多數的好點子及好答案，都是從顧客角度出發，逆向思考而得。

超越表象的思維，創造大利多

亞馬遜網書的執行長貝佐斯在每次開會時，喜歡在會議室中放上一張空椅子，讓這張椅子代表顧客的角色，於是，參與會議的每一個人，都不可只從自己的角度出發，而要試著去發想目標顧客看到的、想要的東西是什麼？

對於很難憑空想像顧客的人，給一個具體的位子＝椅子，絕對是練習體察消費者需求的絕妙好點子。

名車、名錶、名牌西裝行頭夠唬人，也只能騙一次

銀行、百貨公司及各大企業，爲了推廣一些促銷活動，會準備一些打上公司商標，客製化的禮贈品來刺激買氣，而這些禮贈品，多數是透過固定合作的「禮品商」，來與各家製造商接洽，客製化出合適的禮贈品。

雖然禮品商聽起來只是需求方及製造商的中間橋梁，實則是一個相當講究口碑的位置，需要交情、默契及信任度。因此，新進的廠商想搶到訂單並不容易，除非特別具有競爭力，或是能跟客戶高層搭上線。

有一家經常接禮贈品訂單，專門製造手提袋的公司，某一天來了位開著名車的年輕人來拜訪老闆，自稱新創的禮品公司執行長，想要打樣及詢價。有趣的是，這位年輕人一踏入公司就先發出豪語。

「我們是有實力的禮品公司，想幫像貴公司這樣優良的傳統製造業，找到跟大企業品牌合作的機會。」

「我準備拿下××銀行本季的訂單，預計將會有八百打的訂單，請先幫我打樣以利後續標案。」

聽起來，這張單似乎已經是十拿九穩了？加上這家公司的「資本額」也有好幾千萬，看起來這位年輕人跟他的公司應該是滿有實力。

不用怕，跟著我就對了！

問題是，專門做手提袋的老闆，過去就接過不少次這家銀行的訂單，然而就老闆所知，這張單過去都是由另一家禮品商在接，按理說其他公司應該沒有太大的機會能搶單才是?!

一來出於好意，二來也怕白忙一場，老闆就提醒了一下這位禮品公司的年輕創業家：「就我所知，這張單一向不是最低標而是條件標，過去都是由同樣的那幾家廠商在做，不太容易打入喔，你真的打算花時間和精神投入嗎？」

這不是看不起對方，而是一個老江湖的善意提醒，然而這位年輕人卻充滿信心的拍拍老闆的肩膀說：「哈哈哈，老闆你不要怕，勇敢一點，跟著我就對了。」

他不但不退縮，還反過來虧了老闆一頓。

看到這位年輕創業者這麼有信心，想想說不定眞的是自己小瞧人了呢，說不定這位年輕創業者眞有通天本領，已經打點好一切也不一定，於是就先依照他的要求，進行了一些客製化的打樣。

才過沒幾天，這位新創禮品公司的年輕老闆再次登門拜訪，還拿來了一塊更高檔的布料，要求老闆再幫忙打樣，想用最高檔布材的樣本去搶訂單。

老經驗的老闆一看到這塊材料，就發現了問題。這塊布材不是不能打樣，問題是，如果大貨一樣要用這塊材料做，很明顯的已經超出這張單的成本，正所謂殺頭的生意有人做，賠本的生意沒人接，怎麼會想用這種高級材料去搶訂單呢？

於是老闆趕緊提醒：「這張單你光這塊布就超過成本了，就算得標，在這個預算內，也不可能做出來。」

「沒關係，你就先幫我打樣，我會負責擺平這一切。」年輕人想先搶到單再說，堅持硬幹，老闆拗不過他，還是勉爲其難的又幫忙打了一次樣。

又過了一個月有餘，忽然沒了這個年輕創業者的消息，原來即使他拿出了超過成本的樣品，因爲本身公司的知名度及信任度還不足，最終仍未搶到訂單，甚至

連被列入最後考慮的名單內都沒有。

更不負責的是，或許是膨風過了頭覺得沒面子，更或許是本身就缺乏責任感，他連樣品的尾款都沒付就消失了。雖然打樣費只要幾千塊，但也是筆打不掉的呆帳啊。

頭大不代表比別人精明，可能只是有大頭病

後來老闆輾轉得知，這位年輕創業者是個富二代，沒出過社會累積什麼經驗，因爲家裡有錢，身上的行頭和夠有面子的資本額都是家裡提供的。他個人所擁有的，除了光鮮派頭及莫名的自信心外，還眞沒有太多實力，甚至連基本的禮貌及負責任的態度都缺乏。

莎士比亞曾說：「外觀往往和事物的本身完全

資產負債表

資產	**負債**
流動資產	流動負債
非流動資產	非流動負債
	股東權益
	實收資本

資產負債表所呈現的不一定是全貌

有時候頭看起來很大，不代表比較精明，可能只是有大頭病。

不符，世人都容易為表面的裝飾所欺騙。」雖然我們不該輕易就看不起人，但也要小心別被看起來很厲害的紙老虎給唬住了。就算是資產負債表上呈現的，也不一定能完全反映一家公司的眞實面貌。

在社會上走跳，其實常常可以遇見這些看起來「頭很大」的人，有趣的是，通常頭看起來很大，不代表比較精明，可能只是有大頭病。

超越表象的思維，創造大利多

在職場上，從來就不難看見一些看起來「頭很大」的人，有趣的是，頭很大的通常有兩種，一種人是刻意營造的紙老虎，外表光鮮亮麗，骨子裡卻沒什麼料。另一種人是自我感覺太良好，所以外在呈現的信心，遠遠多於實質能力。

但無論是哪一種人，其實都不太值得合作，偶爾遇到那些頭很大的人時，請務必小心，別被外在的樣貌給蒙騙了。

第四篇
換個腦，就能看穿數字
底下暗藏的玄機

你所投注的成本會帶來加值效益，或只是沉沒成本？

不少人都曾懷抱著創業夢，而爲了能更築夢踏實，有些人會選擇先在大公司好好的磨練幾年，有了一定的工作經驗、專業度及儲蓄後，再一舉完成自己的創業理想。

就有一位曾在大公司擔任電腦工程師的朋友，在工作了幾年後，存下了一桶金，再加上創業貸款的申請，毅然決定實現自己的創業老闆夢，離開原先的工作崗位，自己出來開個人工作室，主要的營業項目是電腦維修組裝、企業網站架構、內部資訊系統等。

有明確的商業模型，有一定的營運資金，老闆也具有相當的專業能力。從這幾點來看，他的創業應該沒有太大問題，只要穩扎穩打，慢慢累積忠誠顧客，應該是頗有機會可以漸漸做大。

然而，這位工程師卻認爲，既然都要創業了，當然要先把自己的「吃飯傢伙」給準備好，正所謂工欲善其事，必先利其器，於是——

位置很重要，先找了間小店面，月租三萬。

裝潢很重要，再拿五十萬元，裝潢一下工作室門面。

設備很重要，再用四十萬元，添購一些生財的設備。

形象很重要，再花個三萬塊，請人設計並註冊商標。

行銷很重要，再花他五萬塊，請人作SEO廣告行銷。

行頭很重要，這樣去參加創業論壇或聚會時，看起來才像個成功的創業家。所以又花了幾萬塊買了最新的iPhone，再花個幾萬塊買了最新的Mac。

如此一來，店的門面及人的門面都打理好了，有行頭又有派頭，才像個事業有成的創業家。但都還沒開始賺錢，這位朋友就先燒掉了不少資金，但想想，創業不就是如此嗎？先行投資本來就很重要，總比什麼東西都不到位強吧？

眞是如此嗎？

可怕的是，就這樣經營數個月之後，再聽到他的消息，似乎是資金已經相當吃緊，周轉不過來了，而工作室也決定歇業了。這位朋友的創業夢得先歇歇，因爲錢燒光了……

問題出在哪兒？總歸一句話，他劃錯重點，花太多錢在不具有「加值型」的地方上。那，什麼是「加值型」？

如何評估加值效益？

加值型的思維，可被廣泛運用在很多地方，其實我國的營業稅，也採用了加值型的概念。

假設組裝一台電腦所需使用的零件及軟體成本是一萬元，這位工程師透過自己的專業，組裝完成一台電腦之後，再賣給消費者一萬五千元，那麼他所創造出來的價值就是五千元。而他要繳納的「加值型」營業稅，其實就是依這五千來核算，而不是從消費者手中拿到的一萬五，這就是「加值型」的概念。

換言之，「加值」就是東西買進來後，你能夠疊出多少價值上去，讓這東西創造更高的價值賣出。當

加值 5000
成本 10000

加值簡單來說，就是在既有的成本（10000元）上再疊出更多的價值（5000元）。例如某個加工商品售價15000元，實際上成本只要10000萬元，那麼加工所創造的價值就是5000元。

我們能疊出越高的價值上去，代表相對利潤就可能更高，反之，如果創造的加值很低或根本沒有，代表我們根本是在做白工，甚至可以說根本是把錢丟到水裡。

我很喜歡用這套邏輯，去評估一項投入，未來究竟具不具有「加值」效益。手機很重要沒錯，然而三萬元的 iPhone 真有比一萬元的手機多出什麼顯著的「加值」嗎？電腦很重要沒錯，然而五萬元的 Mac 真有比一萬元的 Notebook 多出什麼明確的「加值」嗎？店租、裝潢跟設備，在還沒辦法讓顧客願意買單之前，更是龐大的沉沒成本。

加值不加值，取決於你在什麼位置

如果我們是電競紅人，好的電腦設備效能，能讓我們的競技速度快上〇．〇一秒的剎那，那麼這筆投資就有「加值」作用。如果只是拿來上網處理文書，那在閒錢不多的情況下，這就不是筆好投資。

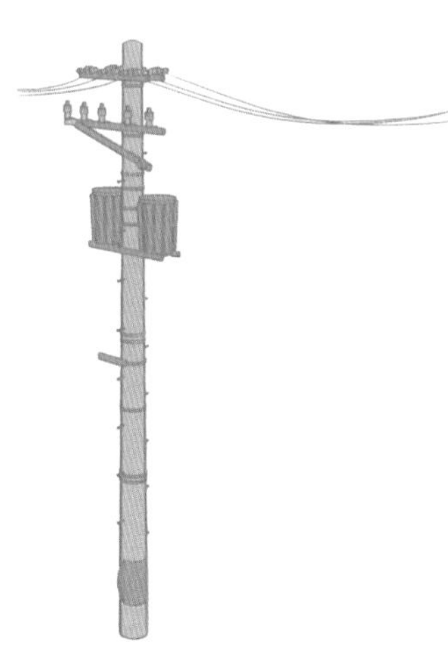

如果我們是林志穎，能以最快的速度拿到最新的iPhone時，就能夠創造十足的新聞性及話題性，那麼這支iPhone就有「加值」作用，不然在閒錢不多的情況下，這就不一定是筆好投資。

不是說不能追求流行品及奢侈品，然而那必須是在有錢有閒的情況下。但如果是在錙銖必較的時期，就該好好評估，到底這些東西有沒有「加值」。

巴菲特曾說：「我們判斷一家公司經營的好壞，取決於其淨資產的收益率。」花錢也一樣，有不少朋友，常常花大錢在那些行頭的購置上，其實這些都是屬於「非加值型」的支出，不如好好把錢花在「加值型」的刀口上，那才是聰明的花錢方法。

超越表象的思維，創造大利多

一樣是從事組裝電腦的生意，生意做得好的店家通常有個特色，他們很擅長為各個零組件找到個別的價值，使用的零件成本不一定最貴，但一定是經過好好的比較過，以一個相對合理的價格購入，卻能有不錯的效能表現，最終組裝出一個「性價比」具吸引力的產品。從主機板、記憶體、硬碟、軟體、螢幕等，透過自己對電腦的專業，「加值」出最終電腦的價值，如此，客人買得甘心，老闆自己也賺得開心。

蛀牙率高與蛀牙率低的地區，哪邊的牙醫賺得多？

醫生的科別眾多，然而牙醫應該幾乎每個人都看過，因爲就算牙齒再天生麗質，後天保養得再好，也免不了需定期清洗及檢查牙齒的健康狀況，但對不少人而言，看牙醫眞的很可怕。

一次我到一家牙醫朋友開的診所看診時，半開玩笑的說：「看牙時，我們就像是俎上肉任你宰割，坐在受刑椅上，還要看著照下來的聖光，你有沒有覺得自己好像上帝一樣？」

牙醫朋友的回覆頗有趣，他說：「拜託，我當牙醫看牙也很怕被打好不好，遇到比較不耐痛、不講理，不和平的病人，他們有時候動作超大的，一不小心就會被拳頭揮到。」

眞的假的？還有這種事，原來各行都有各自的苦處，當牙醫也得小心遇到麻煩又暴力的病人。

「那麼，什麼樣的病人是高危險分子？」我問。

「小孩蛀牙率高的地區。」牙醫說。

這個答案挺耐人尋味，爲什麼小孩蛀牙率高的地區，病人最危險？

牙醫給了一個很有趣的答案：「要看出一個地區居民素質及水平，看小孩的蛀牙率最準。」

牙醫朋友分享他的觀察：「居民的素質越高，就越重視孩子的牙齒保健，所以孩子的蛀牙率就低，來看牙通常都只是洗牙、塗氟等保健目的。反之孩子的蛀牙率高，通常是家長疏於關心及教育孩子的口腔保健，所以蛀牙率自然高。」

居民的素質越高，醫病關係通常就越健康，居民素質越低，就容易遇到一些惡言相向甚至動粗的病人。所以，有越多高危險分子的地區，整個地區孩子的蛀牙率通常就越高。

牙醫診所看教育程度而不是蛀牙率來開業？

原來，從一個地區小孩的蛀牙率，就可以看出居民的素質，這眞是個有趣的

觀察。

牙醫朋友又反問了我一個問題：「你覺得小孩蛀牙率高的地區，跟小孩蛀牙率低的地區，哪裡的牙醫賺得多？」

我說：「從經濟學供給與需求的角度來看，蛀牙率高的地區，所需要的牙齒醫療需求相對較高，所以牙醫診所開在蛀牙率高的地區，生意應該會比較好吧，不過你既然會這樣問，我猜答案一定是相反的。」

牙醫朋友說：「哈哈哈，你猜的完全沒錯。」

爲什麼？因爲那些居民素質高的地區，因重視牙齒保健，所以即使牙齒沒什麼問題，也會定期來洗牙或健檢，反之，孩子蛀牙率高的地區，平常反而沒在關心牙齒，也沒有定期看牙醫的習慣。

而且當牙齒發生問題時，居民素質高、孩子蛀牙率低的地區，更願意投入大筆的預算來改善牙齒健康，居民素質低、孩子蛀牙率高的地區，反而得過且過，牙齒勉勉強強能用就好，不會願意花大筆預算好好改善口腔健康。

蛀牙率低的地區賺得多，蛀牙率高的地區反而賺得少，所以，這又完全顚覆了我對經濟學的認識。

說得出個人專業的數字影響力，就能讓數字為我們說話

愛因斯坦曾說：「不是每一件可以用數字衡量的事物，都是重要的。不是每一件重要的事物，都是可以用數字衡量的。」所以說數字非萬能，但少了數字，有時候卻讓我們在判斷事情時，萬萬不能。

我們經常可以聽到或看到別人餵給我們一些「數字」資訊，看似頗具參考價值，其實不少資訊反而容易誤導我們，所以為了不讓自己輕易被數字蒙騙，就要像這位牙醫一樣，透過自己的觀察，先學會與數字說話。

數字會說話，但通常都不會只有一種語言，從不同的角度、不同的立場來看一樣的數字，可能會得到不同的結果。

就像我從來沒想過，原來小孩的蛀牙率跟一個地區的教育水平有關，更沒想過，原來小孩蛀牙率高的地區，牙醫可能反而賺頭更少。像這樣的資訊，有時候只能仰賴一定的專業及經驗。

活用自己的專業知識及經驗，說出屬於自己專業才懂的數字力，就能讓數字

為我們說話。運用數字的能力並非渾然天成，而是一種取徑的技巧，學會了拆解數字，就能讀出數字的意義。

簡單的數字，有助於記憶及資訊傳達，在評估或分析一件事情時，試著將其數字化，很多事情就會明朗許多。數字會說話，所以了解數字的重要性，學會觀察數字，就可以像這位牙醫一樣，得到不少有用的資訊，說出個人專業的數字影響力。

超越表象的思維，創造大利多

想要找點開業前，別太相信自己過去習慣的邏輯架構，因為不少重要的資訊，往往跟我們過去的習慣邏輯不同，需要不少經驗的淬鍊才能得到。

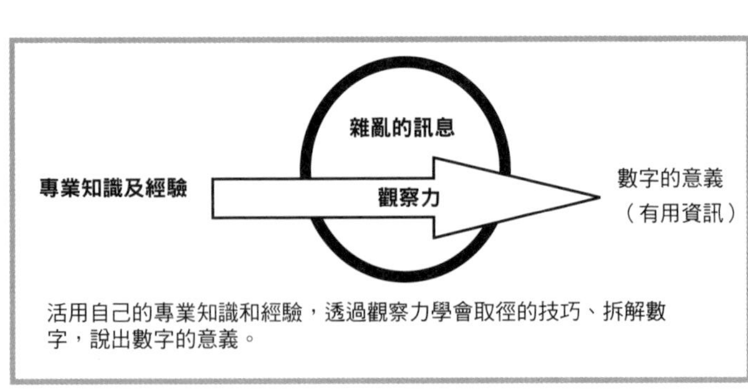

活用自己的專業知識和經驗，透過觀察力學會取徑的技巧、拆解數字，說出數字的意義。

或許，我們可以多多跟同業前輩請教，也或許可以跟異業朋友多多交換想法，更直接的，也可以試著找未來可能的目標顧客多聊聊，做做市調，了解他們在想什麼，因為不少珍貴的隱藏資訊，往往就是在這些閒話家常中激盪而出。

騙子喜好玩弄數字！大數據背後可能只是特例樣本

萬般皆下品，唯有讀書高，不少學生爲了有好成績會選擇上補習班，因此補習文化始終盛行不衰，而各家補習班爲了擦亮自家招牌，從招生時的數字廣告，到考完後榜單的呈現，可說是百家爭鳴各顯神通，而「數字」就成了最具說服力的行銷利器。

「我們專班上公立高中的錄取率，是同業最高！」

這是某家國中升高中補習班的招牌，對一心希望孩子念公立學校的家長而言，這可眞是有吸引力。事實上，這個錄取率可能是刻意打造的成果，補習班將分數最高的學生集中在專班裡，再將這個專班作爲宣傳工具，所以其實這個錄取率，根本不能代表整個補習班的實際錄取率。

「考上這張證照後，可以自己當老闆出來執業，挑戰月薪十萬。」

這是另一家補習班，對於專業證照考試的招生口號，然而事實上僅有極少數的人，有機會達到這個目標，因爲市場早就飽和，考上不但不可能立刻讓你月賺十萬，還可能連基本的養家糊口都做不到，最終只能作爲找工作時的能力證明。

「我以前沒接觸過這些科目，從零開始準備，一年就考上了。」

這又是另一家補習班，邀請非本科系考上的學長姊，來分享自己的考試及錄取心得，以提升未來考生們的信心，相信本科系的自己一定也做得到。然而事實上，全補習班一整年下來，可能就只有那麼一個非本科系的考生，能夠順利應屆考上。

其實這些行銷口號的共同點，就是他們都拿了一個對自己最有利的「特例樣本」，來塑造出這是一個「大數據」的假像。

拿「特例樣本」來當「大數據」？

其實不只是補習班的招生廣告及榜單，數字的遊戲一直充斥在我們的生活中。我們在選擇學校時，或多或少也會去關心他們的排名，但即使是看似明確的學校排名，仍然有其多元性及選擇性。

聯考分數高的學校，就主打自己的聯考分數排名，畢業生就業率高的，就用自家的學生就業率來說嘴，傑出校友最多的，就用自家的校友來打廣告。此外還有諸如QS英國高等教育調查公司、泰晤士高等教育世界大學排名、ARWU世界大學學術排名等各大機構的排名。

什麼樣的數據資料對自己最爲有利，就用什麼資料當招牌，這就是一種選擇「特例樣本」來營造「大數據」印象的方式。

一般我們在做任何學術研究或統計時，都鮮少能夠進行所有「母體」的普查，所以就要進行「樣本」的抽查，而爲了讓這個抽樣具有學術價值，就應該要盡可能的隨機以示公平，避免有所偏誤。

然而當想拿這個「數字」來打廣告時，這個邏輯就恰好相反了，因爲他們就是想抓出「母體」中最極端、最具廣告效益的特殊

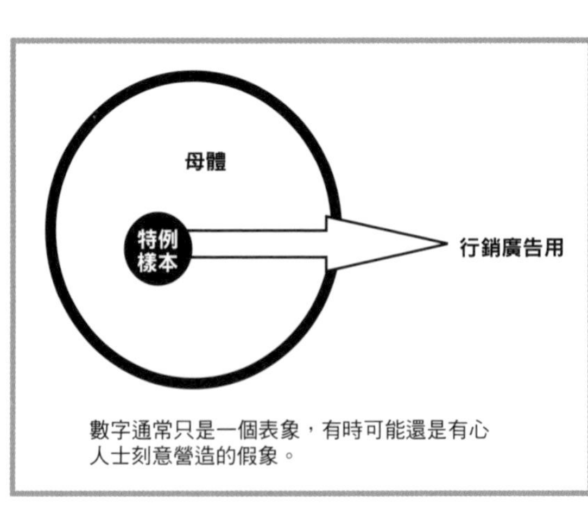

數字通常只是一個表象，有時可能還是有心人士刻意營造的假象。

樣本，來讓人們誤會這是一個「大數據」，以強化自己的說服力。。

在這個目的下，所有的數字都不會是一個合理的樣本，更不是一個太值得參考的平均數，但卻已經足以達到吸引消費者目光的目的了。

穿透數字的背後，才能看見真相

馬克．吐溫曾說過：「謊言有三種：謊言、該死的謊言與統計數字。」如果有一個人，總是將重心放在賣弄他的數字時，請好好重新思考一下，這種喜歡在數字上作文章的人，本身是否夠眞材實料？

數字通常只是一個表象，有時可能還是有心人士刻意營造的假象，要能穿透這些數字的背後，才能看見眞相。身處資訊爆炸的時代，人們沒有太多的心力去處理資訊的洪流，很容易會去選擇那些吸睛又簡單的數字，因而被數字所左右。

特別是當這些數字的使用者，是有系統、有目的性的去將這些數字呈現在我們眼前時，只要少了些獨立思考，多了些群體迷思，就容易被引導到錯誤的方向去，如果不去深究及探索數字背後的本質，就容易掉入數字的陷阱中。

數字不單單記錄了過去，同時也是一個具有暗示及誤導性的符號，查．格羅夫納曾說：「數字騙不了人，但騙子喜好玩弄數字遊戲。」這不是說數字漂亮的都是在騙人，而是說聰明人不該輕易的被數字左右。

數字可以載舟亦可以覆舟，它可以幫助我們更有系統的掌握全貌，卻也可能成爲誤導我們思慮的原因。騙子玩弄數字，老實人相信數字，所以要當一個聰明人，就要學會看透數字的本質。

超越表象的思維，創造大利多

資訊本身並不會騙人，但通常只要跟生意有關的資訊，都是被刻意挑出來，所以最好別太相信生意人餵給我們的資訊。因為那都是先有了清楚的目的後，再被精挑細選揀出來的，代表不了真正的大母體。

要當一個利用數字及資訊的人，而不要當一個被數字及資訊利用的人。

使用客人都聽得懂的數字語言，能讓你的銷售更具魅力

一位親友跟我們分享了他的旅遊購物經驗，她參加了一個國內旅遊行程，搭著遊覽車從北玩到南。被帶到當地的名產店時，看到琳瑯滿目的產品，不知從何挑選，忽然想起了阿里山茶頗有名，不如就買茶吧！於是詢問了一下店員：

「我想買些阿里山茶回去送朋友，請問有什麼推薦的嗎？」親友問。

「這邊這個是隙頂，這個是石桌，或是也可以考慮奮起湖的茶喔。」店員親切的介紹著。

「請問，這三種茶有什麼不同？」親友問。

「產地不一樣喔！」店員說。

聽完這位店員的介紹，你有比較清楚自己想要什麼阿里山茶的產品了嗎？而這位親友其實也是沒弄懂，這幾種茶到底有什麼不同，但又很想要帶些名產回家，於是就放棄了買茶，挑了些當地比較盛產的水果，作為這次出遊的戰利品。

這位店員的介紹有什麼問題呢？

用客人懂的數字語言說話

上次去拜訪一位開茶行朋友的店，一樣是介紹阿里山茶，整個氣氛跟結果，卻與我那位親友的購物體驗大不相同。

當時有位年輕客人來買茶，希望買來作爲初次到女友家拜訪的伴手禮。

「老闆您好，我想要買盒阿里山茶，想拿來送女友的父母親，請問有什麼推薦的茶嗎？」

只見這位茶老闆不疾不徐沖著手中那壺熱茶，並爲客人溫好試喝的茶杯，徐徐的將冒著煙的茶水，從茶壺倒入茶杯中。

「來！請先試試這杯。」說著說著，手上已經先開始沖泡著另一壺不同茶葉的茶。

在茶煙及茶香的圍繞下，客人慢慢的品嘗手上這杯「免費」的茶。

「嗯，很香很好喝，而且很回甘耶，這是哪一種茶葉？」客人問。

「這是阿里山茶的一種，來，再試試看這一杯。」茶師傅拿了另一杯茶給客人試。

在同樣的茶煙及茶香的圍繞下，客人又再一次品嘗起手上這第二杯「免費」的茶。

「嗯，也很好喝，但這杯跟上一杯比，感覺比較溫潤，上一杯好像比較咬舌，這是哪一種茶葉？」

「一樣是阿里山茶喔，兩杯品種相同，只是栽種的海拔不同，第一杯是大約在海拔九百公尺種的，第二杯是在海拔一千兩百公尺左右的地方栽種的，要不要再試試看海拔一千五百公尺的，感受看看？」說著說著，又奉上了第三杯茶……

原來這些阿里山茶的品種都一樣，只差在茶葉生長環境不同？而不同的海拔種出來的口感的確不太一樣。

面對完全不懂茶葉的客人，茶老闆不是只說茶名，而是透過不同的海拔「數字」，幫助客人更快的了解茶葉的不同，進而找到最適合的產品及價位區間。於是沒兩三下的工夫，這位客人就挑到了自己想要的茶禮盒，開開心心又心滿意足的離去了。

生活中經常可見「數字」的說服力

一樣是在賣茶，第一個故事的店員及第二個故事的老闆有什麼差別？差在店員用專業的「茶名」說明，茶老闆用人人都懂的「數字」鋪成。

對於平常沒在喝茶又不懂茶葉的客人來說，誰知道隙頂、石桌跟奮起湖到底有什麼差別？相反的，用數字來說話，不但讓人能夠快速進入狀況，還讓用數字說話的茶老闆看起來特別有魅力。

當然，絕非什麼事情加上數字就有說服力，重點還是要用得精，用得巧，數字本身就只是數字，然而加上了某些情境後，就有了畫面及故事性。聰明的數字運用，可以有效提升訊息傳達及

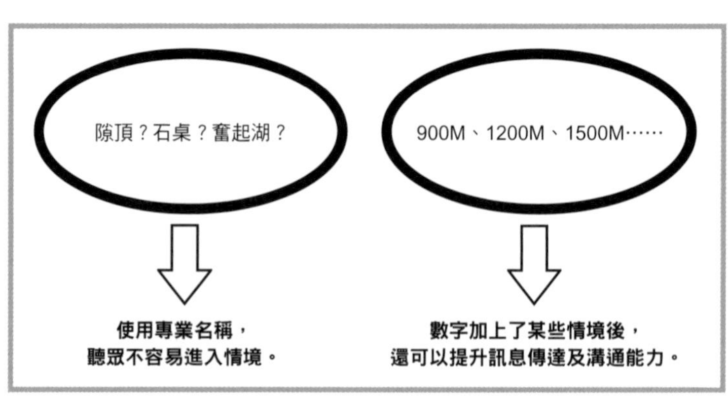

溝通能力，也能有效釐清不少本來不清不楚的資訊。

數字遊戲其實一直都存在我們的生活中。

百貨公司週年慶的行銷活動，如果只跟消費者說「活動期間有比較便宜哦」，那吸引力相對有限，於是一定會加上一些數字，變成大家都很熟悉的「買千送百、全館八折起」。

飲料店想要做一些促銷活動時，不能只是跟消費者說「現在正在促銷，很便宜喔」，而是要精準告知「買一送一、第二杯半價」，不然誰知道到底有多便宜？

每次到選舉期間，各路人馬也都喜歡推出一些對自己有利的民調，有些不同單位做出來的民調結果，差異性還相當大，雖然民調準不準是一回事，但有數字佐證是不是更有說服力？

「數字」一直以來，都被視爲一個重要的行銷工具，雖然有的時候不一定能眞實反映事實，但數字的魔力，確實一直影響著多數人的決策。

超越表象的思維，創造大利多

人們的時間及精神是有限的，所以不可能要求別人自己去做功課，去了解我們的產業及產品，而為了要讓他人最快速的認識我們的產品，比起使用複雜的專有名詞，不如用能清楚量化的數字，更能讓人們最快進入狀況。

學會試著將自己的東西數字化，讓人們在評估時能有所依循，就可以省去不少麻煩。

損益表看得到的部分很迷人，遮住的部分才重要

一家經營品牌產品，並授權各大通路經銷的公司，在全台擁有不少的經銷點，而爲了激勵經銷商的營業額，除了提供優渥的銷售獎金外，還提供給所有的經銷商產品一年保固，以及總公司提供的售後服務，讓他們能有可靠的後盾，銷售起來更無後顧之憂，更有競爭力。

由於這家公司的品牌一向有不錯的口碑及聲譽，因此也吸引不少通路商及商家來經銷販售，而經銷商的銷售力及營業額，往往決定了他跟公司拿貨時的議價能力。越會賣的，當然有越好的條件。

某一季的財務報表上，一個新進經銷商的業績吸引了公司的目光。這個經銷商開始販售公司的產品不過短短數月，銷售成績就相當亮眼，銷售數字遠遠超越其他經銷商。

稍微調查了一下，這位經銷商並不以固定的店面銷售，而是跑遍各大臨時櫃

位通路，不以區域性的銷售爲主，而是以彈性及動態的方式，去接觸更大範圍的可能消費者，而這相對於固定的櫃位，更需要傑出的銷售技巧。

公司既然叫作營利事業，當然視能賺錢的金雞母爲上賓，除了主動發給額外的獎金之外，還提供他更有利的進貨條件，希望能與這位銷售達人好好的長期合作下去。

詭譎的是，就這樣與這位銷售達人配合了幾個月之後，公司的客服單位卻發現了一些異常的現象，這位經銷商所賣的產品，客訴量以及退貨率異常高。發生了什麼事？

原來，這位經銷商在推銷時並未完全依照公司的要求，好好的將產品所有的功能、保固及售後服務說清楚，反而是靠著自己的三寸不爛之舌，誇張的「膨風」產品的功效及售後服務，又因爲公司還算小有名氣，因此消費者不疑有他，相信了這位經銷商的「膨風」，當後來發現廣告不實，有被騙的感受時，就紛紛拿來退貨及客訴了。

公司退貨退錢事小，但商譽卻因此受損了，這可就不是能開玩笑的事了，本來以爲是隻金雞母，原來是個賠錢貨，財務報表上的漂亮數字，帶來的有時可能不只是業績，還可能連負評都一起帶了進來。

眼見不一定為憑

常聽人說眼見爲憑，不要輕易相信他人的信口開河，妙的是，有時候眼見可能也不一定能爲憑。

有一天偶然瞧見一位因爲宗教關係不吃豬肉的外國朋友，竟然泡了一碗排骨雞麵準備享用。

「你不是不吃豬肉嗎，怎麼在吃排骨雞麵？」我疑惑的問。

他瞪大了雙眼，以更疑惑的口吻回我說：「What? 我沒有吃豬肉，這個是雞肉，Chicken Flavor。」

我看了一下泡麵的外包裝，斗大的中文字是排骨雞麵，英文卻只寫了Chicken Flavor。原來，在英譯的大標上，產品包裝並無使用豬肉的英文字，導致看不懂中文的國外朋友，誤以爲Chicken Flavor不會有豬肉。

「呃，不對，這個是排骨雞麵，是Poke Chicken Flavor，有豬肉，你不能吃

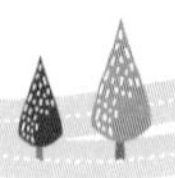

……。」幸好來得及阻止他犯戒，此後只要他想要吃泡麵時，都會先拿去問問懂中文的台灣朋友，確認有沒有豬肉。

爲什麼眼見都不一定爲憑？因爲每一個人的所知都是有限的，就像這位朋友不識中文，只以看懂的英文字來判斷，因此或多或少都會有些盲點。

保持存疑的思考習慣

不管是公司的財務報表，或是泡麵的外包裝，有時候如果少了些懷疑及求證，就可能因此導致誤判，吃錯東西或是看錯人才。

美國經濟學者柏頓．墨基爾（Burton Malkiel）曾說：「公司的損益表就好比三點式泳裝，露出來的部分有趣，遮住的部分更

公司的損益表就好比三點式泳裝，露出來的部分有趣，遮住的部分更重要。

腦袋越清楚的人看問題，越懂得保留一些懷疑空間。

腦袋越不清楚的人看問題，越自信於自己當下的判斷。

損益表

營業收入
－ 營業成本
＝ 營業毛利

－ 營業費用及損失總額
＝ 營業淨利

＋ 非營業收入
－ 非營業損失
＝ 全年所得額

重要。」

其實不止是公司的損益表，我們所有看到聽到的，往往都同時具有表象及被遺漏的部分，要看見這個被「遮住」的部分，最重要的一個習慣，就是普遍的對於所見所聞保持一個存疑的思考空間，即使是報表上的數字或是專家所言，都不一定百分之百正確，都可能存在著一些討論空間。

自古對於知識文明最有貢獻的，都是對於主流知識保留疑問的人。存疑不是無謂的猜忌及胡思亂想，而是系統性的思考及探索問題，遇到問題時，先找出一個自己當下尚可以接受的答案，再不停的去修正它，如此最後就能找出越趨理想的答案。

腦袋越清楚的人看問題，越懂得保留一些懷疑空間。

腦袋不清楚的人看問題，越自信於自己當下的判斷。

超越表象的思維，創造大利多

在社會上走跳，一定會認識一些人，告訴你一些他自認為的成功之道，認為其他人應該仿效及學習。有趣的是，經常在分享「成功之道」的人，通常不是太高明，而且就算那些方法適合某些人，也不可能會百分之百適用於每個人。因為每個人打從娘胎起就長得不一樣，同樣的一個好方法，又怎麼可能適用於每一個人呢？所以，不要輕易的去相信任何尚未被確定的資訊。

你想當個精於計算的聰明人，別人可不想被算計

一位專門經營零售鞋子的老闆，在一次契機下，租了地下街一個攤位作門市，除了零售鞋子外，也提供一些簡單的維修保養服務。

老闆很清楚，門市的經營，店員的工作熱情很重要，而爲了能有效的激勵員工，薪水一定得採取獎金制，有錢能使鬼推磨。很幸運的，老闆找到了一位儀表得體、親切又有工作熱情的年輕人，來負責這家門市的銷售工作。

於是他跟這位年輕人說：「請把自己當成一個小老闆，只要有好業績，賣出去的每一雙鞋，我都給你抽成，達到了月目標後，再給你目標獎金。」

老闆也擬訂了一份頗具吸引力的分潤機制，他的如意算盤是，反正現在不景氣，眞要賣得好也不容易，如果他眞賣得好，我賺的多分他一些也沒差。

或許是薪資結構有吸引力，也或許是這年輕人眞是個人才，他把握每一次的推銷機會，熱情招呼每一個客人，還學得了一手修鞋的好工夫，客人鞋子壞掉拿回

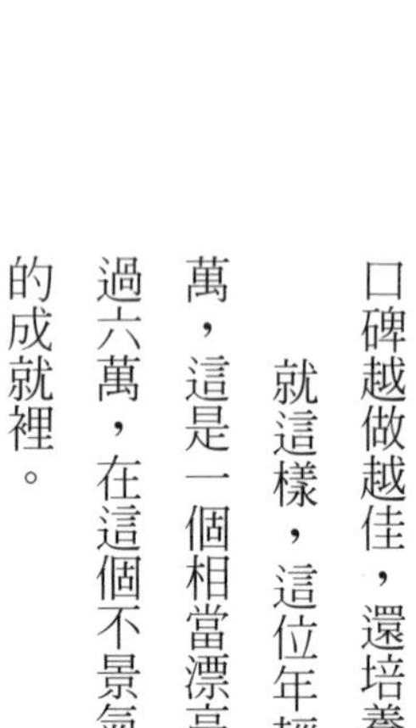

來修，一定請客人坐下來喝杯茶，不消片刻就已維修保養好。因此生意越做越好，口碑越做越佳，還培養了一群老顧客。

就這樣，這位年輕人不到半年的經營，就幫門市的營業額衝到每月超過六十萬，這是一個相當漂亮的數字，如果依照老闆提供的分潤結構，他每個月可以領超過六萬，在這個不景氣的時代，這位年輕人其實已經很滿足，也相當樂在這份工作的成就裡。

我給的薪水是不是太高了？

問題來了，當這位年輕人成功把這家店做起來時，第一個提出質疑的，反而是賺最多的老闆。

「外面的年輕人都在領二十二K，我竟然一個月要付給他六十K？」

「會不會這個點本來就很好賣？人潮本來就多？」

「我的薪水會不會給太高了？是不是該重新議定薪資？」

沒有人會嫌錢賺得多，於是老闆爲了自己的利潤最大化，開始刁難這位年輕人的獎金。

「本來說的營業額抽成，要改成用淨利來算，你想想，這間店面我還要付房租，還要進貨及庫存成本，當老闆的還要負擔經營風險。」

於是老闆就在這位年輕人成功將門市經營起來後，單方面的逕自要求重新調整抽成，他覺得付給這位年輕人三十K左右就好，這樣已經很大方了。如果不能接受，請另謀高就，反正店生意得起來了，誰來顧都可以。

這位年輕人能接受嗎？當然不行，他憤而離職，但要放棄自己好不容易培養起來的老客人嗎？他也沒那麼笨，於是他決定在同一條地下街，租下了不遠處的另一個攤位，另起爐灶也開了一家鞋店，自己批貨來賣，當起了老闆。

結果呢？

鞋店老闆的生意一落千丈，不但所有的舊顧客都選擇認「人」不認「店」，統統轉到這年輕人的新店，就連新顧客也都更喜歡跟這位年輕人捧場。於是沒幾個月的時間，前老闆就因爲店面入不敷出而倒閉，被自己的前員工給打趴了。

傑出的生意人，懂得關照他人的利益及成本

這位老闆甘心嗎？

不！他不甘心極了，到處逢人就罵這位年輕人：「虧我對他那麼好，我眞是養老鼠咬布袋！」

眞的是這樣嗎？有人同情這位老闆嗎？及沒度量。怨不得他人。

神學家惠特利（Richard Whitley）曾說：「追求自身的利益不是自私，忽視他人的利益才是自私。」雖然說做生意就是要算得精，然而有時候若是算太精，忽略他人的利益，反而會適得其反，得不償失。

利益的分配永遠是一門大學問，經濟學家亞當．史密斯也說：「我們不能靠肉販、

正常生意人：精於計算自己的利益，控制好自己的收益及成本。
傑出生意人：懂得兼顧他人的得失，關照好他人的利益及成本。

【勘誤啟事】

《不換位置，也要換腦袋》第190頁內容有誤植處，再版將立即更正。正確修改如下，造成閱讀不便，非常抱歉，敬請見諒。

最後一行重複

第7行漏植

傑出的生意人，懂得關照他人的利益及成本

這位老闆甘心嗎？

不！他不甘心極了，到處逢人就罵這位年輕人：「虧我對他那麼好，我真是養老鼠咬布袋！」

真的是這樣嗎？有人同情這位老闆嗎？還真沒有呢，因爲這一切都源自老闆的失信及沒度量。怨不得他人。

神學家惠特利（Richard Whitley）曾說：「追求自身的利益不是自私，忽視他人的利益才是自私。」雖然說做生意就是要算得精，然而有時候若是算太精，忽略他人的利益，反而會適得其反，得不償失。

利益的分配永遠是一門大學問，經濟學家亞當・史密斯也說：「我們不能靠肉販、

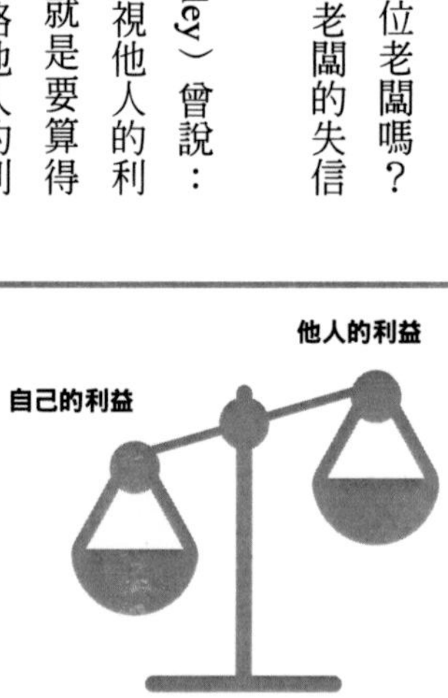

他人的利益

自己的利益

正常生意人：精於計算自己的利益，控制好自己的收益及成本。
傑出生意人：懂得兼顧他人的得失，關照好他人的利益及成本。

家亞當．史密斯也說：「我們不能靠肉販、啤酒商或麵包師的善行來獲得晚餐，而是得源於他們對自身利益的看重。」一個聰明人絕不會笨到把所有的利益往自己的口袋裡塞，因爲這樣不但得不到他人的幫助，而且孤身一人根本難成什麼大事。

精於計算自己的得失，懂得控制好自己的收益及成本，是一個正常的生意人應該要有的本事。但是如果想從一個正常的生意人，變成一個傑出的生意人，就得精於衡量他人的得失，懂得關心好他人的利益及成本。

這個賣鞋老闆的失敗，就是只看見自己的利益，卻忽視了他人的需求。人算不如天算，你想當個精於計算的聰明人，別人可不想當個被算計的笨蛋！

超越表象的思維，創造大利多

利益的分配，自古以來就是一門大學問，而在生意場上，利益更占據了一個最重要的位置，所以如果想要生意

能夠做好，顧及所有相關人員的利益，是一個相當重要的任務。

因為那決定了你員工的工作士氣，決定了你股東的投資意願，更決定了你事業的前進軌跡。

數錢，還是賺錢？你拿的是正常利潤，還是超額利潤？

「我這幾個月的案子，幫我們分行賺了上千萬！」

「分行如果沒有我，這季的業績競賽一定慘輸。」

一位在銀行擔任理專的朋友，跟我們炫耀他經手的案子幫分行賺了不少錢，還幫分行服務了好幾位重量級大客戶，說得好像如果分行沒有他，絕對沒有今天的榮景。

我們聽完覺得如果他說的是眞的，那這位朋友一定是不可多得的好人才，自然拿到的薪水應該不會太差，於是我們就繞著彎試著探他一探。

「像你這樣的人才，分行爲了留住你，薪水及獎金一定很高吧？」

「呃，還可以啦。」他說。

結果我們繞了老半天，就是問不出他的薪水底細，一直顧左右而言他，或許這種事本來就不該告訴別人吧？

結果近日恰巧碰到他的同事，洩了他的底，偷偷的告訴我們其實這位很吹噓的朋友，薪水不過就三十K。什麼！一個創造千萬營業額的人只拿三萬，你們公司也太慣老闆了吧？

他同事急忙解釋：「不不不，所謂的『賺』幾千萬其實有點名不副實，應該是『數』幾千萬的鈔票比較貼切。」

這到底是什麼意思？

原來，創造千萬營業額的不是這位朋友，而是公司提供的這個工作崗位，他扮演的其實就是個收銀員的角色。無論是誰來坐這個位置，其實都可以創造差不多的價值，商譽及風險承擔都是公司，大錢當然也是公司賺。

幫人數錢，還是幫人賺錢？

所以，理專的工作，不就像是個收銀員？根本沒什麼挑戰性？

那也不一定，有趣的是，另一個理專朋友跟我們分享了一個完全迥異的觀點。

這位理專朋友已經在這行不少年，從一開始的新進理專，一路爬升到不錯的管理職，除了服務顧客外，也帶領不少優秀的公司新人，每個月領的錢，至少是前述理專的三倍以上。

他說：「對產品最基本認識，眞的只是最基本的，但其實如果你眞想吃這行飯，還不想吃得太寒酸，那一定遠遠不夠。」

眞正的大客戶，鮮少是什麼都不懂的文盲，相反的，他們一定已累積不少的研究跟心得，對金融產品的知識水準不會太差，因此，如果想要跟這些人做生意，自己的功課可一點都不能馬虎。

雖然人不可能達到十項全能，但從信貸、房貸、信用卡、金融商品、產品屬性特色，與其他同類型產品比較後的優缺點等，每樣都得深入了解，特別是自家公司的所有產品。爲了能跟客戶說上幾句有水準的對話，每天國內外的財經新聞，各家發行的財經雜誌，都是不可錯過的吃飯下酒菜，還得做成筆記。

作爲一個理專把關人，不只要幫客戶數錢，還要幫客戶管錢，最好還能幫客戶賺錢，不只要了解客戶本人，還要了解客戶的家庭成員、工作背景、投資偏好等，提供一個客製化的產品，不然，人家爲什麼要給你錢賺？

如果只懂得一句：「投資有賺有賠，申購前應詳閱公開說明書。」那麼，你就只能是數錢的人，不是賺錢的人。

正常利潤與超額利潤

數錢的跟賺錢的，有什麼差別？「數錢」的能做的工作，是每一個人都能做的工作，沒有差異性，所以他們領的就是正常薪水，「賺錢」的能做的工作，相對的有挑戰性，有了差異性才能領到正常薪水以上的錢。

經濟學中，又將利潤概分為「正常利潤」及「超額利潤」。「正常利潤」是指滿足該位置的最低要求所能拿到的利潤，也形同是最低工資，「超額利潤」是指不但滿足了該位置的最低要求，更能超越該位置的平均水平以上，也許是擁有他人沒有的知識、技術或魅力等。

同一個職位或事業，通常會有一個平均水平，如果達到這水平，獲得的就是「正常利潤」，如果超出這水平，獲得的就是「超額利潤」，如果低於這水平，那麼不但沒有利潤，考量到機會成本後，其實形同虧損。

如果只是想賺到基本工資，賺到「正常利潤」，那麼或許只要達到該職位的最低要求即可，但如果想要比別人賺的更多一些，賺到「超額利潤」，那麼額外的功課及付出可不能馬虎。

一樣是理專，前述兩位理專的待遇可大不相同，只會幫忙「數錢」的理專，能賺到的當然就是「正常利潤」，能夠幫忙「賺錢」的理專，才有機會去賺到「超額利潤」。

居禮夫人曾說：「弱者坐待良機，強者製造時機。」別妄想利潤會從天上掉下來，有沒有去累積別人沒有的本事，決定了你是「數錢的」還是「賺錢的」。

	數錢（正常利潤）	賺錢（超額利潤）
工作	每個人都能做的	擁有挑戰性及差異性
待遇	基本工資／平均水平	超越同儕／水平以上
能力	職位基本能力	擁有他人沒有的知識／技術／魅力

如果只想賺到基本工資和「正常利潤」，那麼或許只要達到該職位的最低要求即可，但如果想要比別人賺的更多一些，甚至賺到「超額利潤」，那麼額外的功課及付出可不能馬虎。

超越表象的思維，創造大利多

如果你做著每個人都在做的事情，你是不可能擁有什麼太大的利潤的，能拿的就是正常利潤，唯有你做的事情比別人更多，或跟他人不同，你才有機會搶到一些超額利潤。

在衡量利潤時，不妨先想想，究竟我們創造出什麼價值，是他人做不到的？

一顆原石和一只鑽戒，你願意花多少錢買浪漫？

一位朋友準備要結婚了，於是大伙七嘴八舌地討論起來，結婚到底什麼東西該花？什麼東西又該省？大小聘該不該收？禮車該不該租？求婚的鑽戒該不該買？迎娶的金飾該用買的還是用租的？

「結婚最重要的是婚後生活，不要在結婚典禮上花太多冤枉錢，避免婚後當貧賤夫妻。」

「對女人來說，婚禮一輩子就那麼一次，不這時花錢你要何時花？」

「結婚的金戒指要有，求婚的鑽戒就不必了，那眞的是商人的噱頭。」

「當然要有求婚戒指啊，不然你婚後會被唸一輩子。」

「沒聽過鑽石恒久遠，一顆永流傳嗎？」

「黃金可以保值，所以買結婚用的金飾也算是投資。」

婚禮用到的這些珠寶、黃金、鑽石，到底哪些值得買，哪些又應該省下來？大伙討論了半天，還眞是眾說紛紜，得不出一個結論及共識。

浪漫是有代價的

一位經營珠寶業，擁有多項珠寶鑑定師資格的朋友，提出了一個十分有趣的看法。

「婚禮的珠寶要如何選，端看你願意花多少錢買浪漫。」

買浪漫，什麼意思？

無論是黃金、寶石及鑽石等，都不會因爲被拿來作爲結婚的信物後，就從此變成沒價值的金屬或石頭，仍會保有一定的價值，但是當中價值的落差，卻可能相差甚遠。

一顆鑽石，未經琢磨的原石可能價值十萬元，但經過琢磨設計及ＧＩＡ認證後，可能可以賣到三十萬。而如果這顆鑽石是放在Tiffany門市展示櫃中，再裝進一個藍色盒子送出去，它可能就要價一百萬。

那麼，浪漫的代價要怎麼算呢？很簡單，就是當你買進這顆鑽石後，等你哪天想要轉賣出去時，變現值是多少？

如果是一顆未經琢磨的原石，當初買進來的價格是十萬，轉賣出去的價格很可能差不多就是十萬。換句話說，這顆原石可能沒有涵蓋「浪漫的代價」。

如果這是一個經過琢磨、設計並鑑定過後的鑽石，並被以三十萬的價格買來作為求婚戒指使用時，那麼轉賣出去的價格可能就只剩下二十萬，那麼這中間消失的十萬，就是所謂的「浪漫的代價」了。

如果這是一個從Tiffany門市被以一百萬買走，再被用來求婚的鑽石戒指，當哪天想要轉賣出去時，很可能賣出去的價格跟一

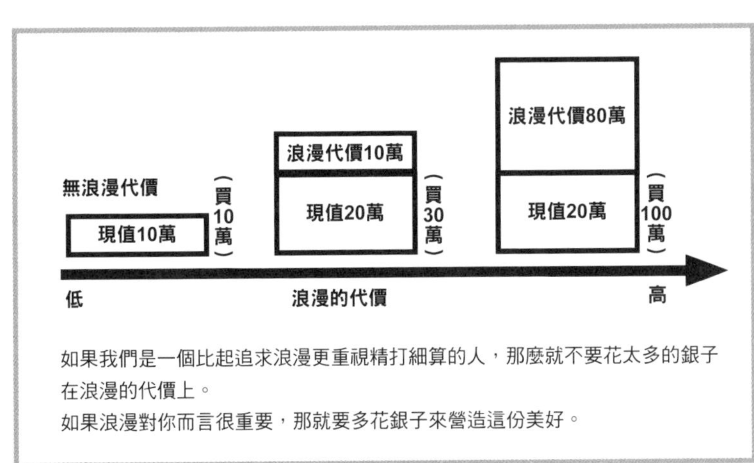

如果我們是一個比起追求浪漫更重視精打細算的人，那麼就不要花太多的銀子在浪漫的代價上。
如果浪漫對你而言很重要，那就要多花銀子來營造這份美好。

般鑑定過的鑽石不會差太多，就是二十萬時，那麼這顆鑽石所含的「浪漫的代價」幾乎可說是高達八十萬。

很多時候，我們所買的可能根本就不是那顆寶石本身的價值，而是附加在這顆寶石上面的「浪漫」。

聽完後，大伙伴開玩笑的建議準新人：如果你不想把錢花在浪漫上，而希望買回來的東西可以保值，那你不但不該買「鑽石」，甚至連「金飾」都可以省，因爲黃金金飾雖然可以保值，但也因加工設計而涵蓋了浪漫代價。

「那新人結婚不戴金飾要戴什麼？」

「可以考慮，直接綁一個大大的『金塊』在脖子上啊，那樣既霸氣又大方，多好。」

奢侈品太便宜，消費者還不一定買單

我們在衡量一項消費及投資決策時，也可以用類似的方法來評估，當哪一天想要變現時，這項東西還值多少錢？

就像有人說，買一輛全新的賓士車，一落地四十萬就飛了，因爲新車跟近全新的二手車，價差可能至少就是四十萬，而這個代價其實就是享受在門市看車、選車、牽車的那份尊榮，這也算是一種浪漫的代價。

一個拿來向女友求婚的鑽戒，如果是一百萬買回來，當女友打開的那一瞬間，就可以噴掉近八十萬。瞧！多奢侈，多豪氣！

一九七三年大溪地曾有一批黑珍珠，一直乏人問津賣不到高價，該怎麼行銷？一位珠寶大亨溫斯頓（Harry Winston），將這些黑珠珍放到紐約第五大道的珠寶店櫥窗中，周遭隨意擺放了些高價位的寶石，再標上一個高價位曝光在時尚雜誌中，於是黑珍珠的高價位就被營造出來，人們反而趨之若鶩。

當一次的消費或一個產品是具有奢侈品特性時，就不再是越便宜越有吸引力了，有時候貴一點、不保值一點，對顧客反而越具吸引力，因爲他們想買的，或許也就是浪漫的代價，太便宜，人家還不一定買單。

一樣是婚禮，如果我們是一個比起追求浪漫，更重視精打細算的人，那麼就不要花太多的銀子在浪漫的代價上，如果浪漫對你而言很重要，那就多花些銀子，來營造這份美好。婚禮要精打細算，還是浪漫鋪張，眞的沒有標準答案，端看你願

意付出多少代價，買下這一份浪漫？

超越表象的思維，創造大利多

浪漫的代價，是生意人汲汲營營希望能夠創造出來的價值，不是說不應該去浪費錢在浪漫的代價上，而是如果你是一個消費者，應該要弄清楚你到底花了多少錢在買浪漫。如果你是一個銷售者，那麼你也要弄清楚，到底創造了多少浪漫的代價在其中，為商品創造了多大的利潤空間。

看懂這個代價，才更能釐清實際成本及收益。

團購、代購先付款搶先機，提升競爭力的操作對策

現金流量表是最常使用的財務報表之一，用來呈現現金的來龍去脈，也說明了如何使用現金去營運、投資及融資。關於現金流量，不論是在財務管理還是創業的相關課程中，常能聽到老師的一種觀點，「收錢要快，付錢要慢」。

因爲創業作生意需要生財設備、要進貨、要租金，還要發薪水，因此現金的周轉率往往決定了事業的成敗，而爲了能夠最大化現金的周轉，因此對於應收帳款要收得越快越好，如此才能保留最大的現金流在自己的手上。

反之，對於應付帳款則要付得越慢越好，最好拖到付款日的最後一刻再交付，將錢更長時間的握在自己手中，如此才能達到最佳的現金流。

從帳面上來看，這一點也沒錯，然而，這眞的是做生意的不變圭臬嗎？

付錢快，有時能帶來競爭力

隨著電子商務的盛行，網路拍賣及團購成了不少人眼中的創業好選擇，更有不少人開始了團購及代購的生意。一次一個機緣下，與一位常跑世界各地，將團購及代購經營得有聲有色的創業者聊起了關於現金流的學問。

「像你們這種做團購及代購生意的人，現金流一定很重要吧？所以你們一定是收錢比人快，像一隻跑很快的兔子，付錢比人慢，像一隻爬很慢的烏龜吧？」我半開玩笑的問。

「那可不一定喔，有時候其實正好相反喔，我們就像個商品獵人一樣，經常需往返世界各國，而我認爲能夠成功在世界各國都打好關係，創造自己口碑及競爭力的關鍵，正是我付錢付得比其他人快！」他說。

這樣的思維，倒是與我過去所學有些出入，但這到底是什麼意思？

他說，曾有一位很重要的生意伙伴這樣對他說：「別人想要跟我們拿這批貨，一打都是至少四十二塊起跳，唯獨你，我三十九塊就願意給了，不但給得心甘情願，而且一定把最好的品質留給你，知道爲什麼嗎？很簡單，因爲你從來不壓我們的貨款，該給的錢一天也不會慢，一塊也不會少。」

不少與他做過生意的廠商都有類似的評價。也就是說，人們願意跟他合作，願意給他最好的報價，正是因爲他付錢付得比別人爽快。

不少人在生意的場合中，喜歡去壓人貨款，付錢的時間拖得很長，一來掌握自己的現金流，二來也作爲未來談判的籌碼之一。明明已經完成服務，錢卻還收不進來，甚至無法保證百分之百不跳票的合作對象，這種「不確定因素」一向是所有生意人最害怕的，即使最後這些應付帳款都能順利收回，也早已承受了不少的心理壓力。所以付錢付得快又準的他，自然成了所有廠商最樂於合作的對象。

現金流量表

來自營業活動之現金流量

……………………

……………………

來自投資活動之現金流量

……………………

……………………

來自融資活動之現金流量

……………………

……………………

創造最大現金流：「付錢慢、收錢快」

生意場合需要兼顧到合作對象的「情緒成本」，特別是團購、代購等買賣模式，只要付錢夠快，反而能提高合作信任感而強化競爭力。

錢給得快，就降低了合作對象的不確定感，往後再合作，能夠拿到的報價及條件自然更優渥了。反之，錢給得慢或不準時，即使最後仍然能兌現，終究帶給他人太多的無形壓力，往後再談合作，能拿到的合作條件就不容易太好。

付錢慢，有時會帶來殺傷力

即使拋開生意的場合，只要有朋友出國，總是多少會幫其他朋友代購些東西，一位常常幫朋友代購的友人曾說，代購最討厭的一種人，就是東西都幫忙買了，給錢卻給得很慢的人。

好朋友之間偶爾也會有些小小的金錢往來，有些人錢借一借就忘了，不然就是拖很久，覺得一點點小錢不打緊，實際上沒有人喜歡被欠錢的感覺，所以往往可能因此壞了好人緣。反之，還錢又快又不囉嗦的人，才有機會留住好交情。

曾聽過不少老闆表示，對於過去有拖款紀錄的顧客，往後只要再跟他們合作，不是要求先付清款項，不然就是故意將報價報到最高，不要就拉倒。將苦苦等錢的心理壓力，以一種精神成本來計算，再轉嫁給這些拖款的慣犯。

不少中小企業及微型企業，老闆幾乎都會自己經手所有的款項，而這些老闆做生意除了淨利之外，最在乎的其實就是一個字「爽」！有些生意雖然賺不少，然而如果是個討厭的顧客，賺起來也是又苦又不開心。反之，有些客戶的利潤雖然不算太多，但如果合作愉快，仍然會是個值得長期交流的好顧客。

一筆生意讓人「爽」，還是「不爽」，錢付得夠不夠「爽快」，往往就決定了一切。

超越表象的思維，創造大利多

不論是做生意，還是交朋友，都不能只懂得看帳面上的數字，人心才是決定最終生意成敗的關鍵。帳面上占了便宜不代表真的賺到甜頭，帳面吃了點虧也不代表就是一筆失敗的生意。

顧慮到合作對象的心情，才是合作生意的長久之道。

結語

參考別人的答案，目的在於找到自己的最佳解答

從開始寫專欄至今，有些朋友曾經告訴我，覺得我的文章少了一樣東西，這個東西就是「標準答案」。有了一個故事，找出了一些問題，提出了一些觀點後，卻鮮少用太多的篇幅來告訴大家，究竟該怎麼做？標準答案在哪裡？

爲什麼？

因爲我認爲，每一個人打從娘胎就不一樣，擁有不同的興趣及天賦，擁有不同學歷及經歷，所以即使面對同一個問題，最適合每一個人的作法一定不同。每一個人都應該試著去找出自己的最佳解，他人的答案可以參考，但如果只懂得盲從，斷送了獨立思考及換位思考的能力，最終一定不可能走出最適合自己的路。

不同系，解題自然有不同的味道

一位在國立大學教會計學的老師，曾與我分享了他班上同學考完後的隨堂考卷。這個課並非開在會計本科系，而是開放給學校各系所同學選修，因此班上不乏理工、外文、哲學等各科系的同學參與。

依照我過去修會計學的經驗，這門科目不但應該有標準答案，更應有制式的解題方式，分錄、過帳、試算、調整、結算、編表等會計循環，劃幾條線，用什麼顏色的筆，都有一定規矩，只要沒好好完成，不是被扣分就是整題全錯。

然而這位老師班上同學考出來的考卷，與我的認知不太一樣。一樣是商學院，會計系解題嚴謹，企管系同學卻喜歡精簡步驟，而文學系的同學，在文字的闡述中充滿了生動的筆觸。少部分的理工科同學，直接跳過繁複的會計運算，用他們擅長的數理方程式來速解。

「這樣的解題方式很有趣，但若依我們過去改卷的標準，應該要扣分，你會給分嗎？」我問。

這位老師卻告訴我，其實只要答案及邏輯能說服他，自然該給分，因爲這堂

課並不是開在會計系，對於其他科系的同學而言，這門課本來就應該視爲應用學科，能活用才是重點，而且同學們提供的答案，有時候連改卷的老師都從中獲得一些啓發及收穫。如果考卷像臉書那樣能點按讚，都想狂讚了，豈有在分數上刁難同學的道理？

懂多元解法，才能有獨特競爭力

爲了方便打分數，學校考卷通常會有標準的答案及解題方式，然而其實這些都只存在於學校的考試中，出了社會面對各式各樣的問題，就算有個目標及方向，也絕對不會只有一種解題方式。

訴訟只會一套標準作法的律師，諮詢通常是免費的；而懂得旁徵博引的律師，才有機會賺大錢。看診只有一套標準作法的醫師，門診通常稀稀落落；而懂得觸類旁通的醫師，就算健保不給付都有人搶著排隊掛號。

比起循規蹈矩只懂得死方法的人，反而是最懂得利用長處及資源，提供多元解題方法的人，在面對問題時最具競爭力，也更能成爲這個快速變化世界的贏家。

美國開國元勳富蘭克林曾打趣的說：「我並不是沒考好，只是找到另外一百種解題的方式。」過去我們說與其給孩子一隻魚，不如給他一支釣竿，未來光一支釣竿已經不夠用，孩子要學習的，是要懂得依照不同的情境，自己打造一支最合用的釣竿。

在斜槓經濟的時代「不換位置，也要換腦袋」，擁有獨立思考及換位思考的能力，才有機會成爲這個時代的領航者。

如何出版社
Solutions Publishing

www.booklife.com.tw　　reader@mail.eurasian.com.tw

Happy Learning 166

不換位置，也要換腦袋
——斜槓時代必備的換位思考力

作　　者／紀坪

發 行 人／簡志忠

出 版 者／如何出版社有限公司

地　　址／台北市南京東路四段50號6樓之1

電　　話／（02）2579-6600．2579-8800．2570-3939

傳　　真／（02）2579-0338．2577-3220．2570-3636

總 編 輯／陳秋月

主　　編／柳怡如

專案企畫／賴真真

責任編輯／張雅慧

校　　對／柳怡如．張雅慧

美術編輯／李家宜

行銷企畫／張鳳儀．曾宜婷

印務統籌／劉鳳剛．高榮祥

監　　印／高榮祥

排　　版／杜易蓉

經 銷 商／叩應股份有限公司

郵撥帳號／18707239

法律顧問／圓神出版事業機構法律顧問　蕭雄淋律師

印　　刷／龍岡數位文化股份有限公司

2018年5月　初版

定價290元　　ISBN 978-986-136-509-1

等別人理解太難了，不如用他的腦袋來想！
「換個位置，就換了腦袋」，這句話很對，也不對。
實際上換不換位置都要換個腦袋才好，
這樣組織的氣氛才能祥和，和氣才能生財。
但世界大同的理想職場，現實中幾乎沒有。
如果你正徬徨轉職、升遷、加薪、創業，
換腦袋想一下，對你來說會是一項必要的修練。

——《不換位置，也要換腦袋》

國家圖書館出版品預行編目資料

不換位置，也要換腦袋：斜槓時代必備的換位思考力／
紀坪 作 . -- 初版 . -- 臺北市：如何，2018.5
216 面；14.8×20.8 公分 . --（Happy Learning；166）

ISBN 978-986-136-509-1（平裝）

1. 職場成功法

494.35　　107003921